宠物之家

喵星球小百科
ATLAS OF CATS

［捷克］海伦娜·哈拉斯托娃
（Helena Haraštová）
著
［捷克］亚娜·塞德拉奇科娃
（Jana Sedláčková）
［意］朱莉娅·隆巴尔多
（Giulia Lombardo）
绘
张思琪 译

这本书属于
所有爱猫人士！

科学普及出版社
·北 京·

图书在版编目（CIP）数据

喵星球小百科 /（捷克）海伦娜·哈拉斯托娃，（捷克）亚娜·塞德拉奇科娃著；（意）朱莉娅·隆巴尔多绘；张思琪译．-- 北京：科学普及出版社，2022.9

（宠物之家）

书名原文：ATLAS OF CATS

ISBN 978-7-110-10460-6

Ⅰ. 喵… Ⅱ. ①海… ②亚… ③朱… ④张… Ⅲ. ①猫－驯养 Ⅳ. ① S829.3

中国版本图书馆 CIP 数据核字（2022）第 116886 号

版权登记号：01-2022-4584

策划编辑	符晓静
责任编辑	符晓静　肖　静
封面设计	中科星河
正文设计	中文天地
责任校对	吕传新
责任印制	徐　飞

出　　版	科学普及出版社
发　　行	中国科学技术出版社有限公司发行部
地　　址	北京市海淀区中关村南大街 16 号
邮　　编	100081
发行电话	010-62173865
传　　真	010-62173081
网　　址	http://www.cspbooks.com.cn

开　　本	1000mm × 720mm　1/12
字　　数	118 千字
印　　张	9.5
版　　次	2022 年 9 月第 1 版
印　　次	2022 年 9 月第 1 次印刷
印　　刷	北京世纪恒宇印刷有限公司
书　　号	ISBN 978-7-110-10460-6 / S · 578
定　　价	55.00 元

目录

简 介

无论是母猫、公猫，还是小奶猫，任何猫都非常喜欢睡大觉。你知道吗？它们整个“猫生”四分之三的时间都在睡觉！此外，它们还喜欢玩耍，有时候还是个“一根筋”。除非，刚好有猫薄荷这种猫咪喜欢绕着打滚儿的植物刺激到了它们的大脑。总的来说，猫咪是有趣可爱又极富个性的小家伙。

它们既是大捣蛋鬼！

又是最可爱的小宠物。

猫的本性可是小型猎食者，所以千万不要认为它们被算作野狮（包括美洲狮）、老虎和猎豹的亲戚很奇怪！早在近一万年前，猫就已经是人类的伙伴了。

它们喜欢帮助我们，而有时也仅限于看看我们在干什么。

杂草丛生的荒野，抑或是温暖舒适的小窝，都是猫的最爱。它们还喜欢在狭窄的地方和你玩儿捉迷藏。凭借柔软的身体，这些小家伙能完全融入每个小缝隙里。

我是这般完美而神秘！哦？你不信吗？

- 我有着比人类强六倍的出色视力，这让我在黑暗中也能看清东西。我的眼睛可以反射所有可见光，所以会在黑暗中闪闪发光！
- 我借助胡须来探索周围的环境，它们还能帮我在漆黑的环境中确定自己的位置。
- 我粗糙的舌头有点扎人，主要用于梳理我的毛发（花了我大约15%的时间）。它就像一个小磨削器，可以把肉从骨头上刮下来。
- 我的耳朵由32块肌肉操纵着，能转动的最大幅度是180°。即使是世界上最安静、谨慎的老鼠，我也能听见它们的动静。

- 我强壮的四肢和柔韧的脊柱由53块可灵活移动的脊椎骨构成，这使我能够跳到自己身体长度的六倍之远。而且我几乎总是能够用脚着地，这要归功于我内耳中的稳定平衡系统。
- 我借助尾巴的不同位置来表达自己的心情。而现在，我很高兴你在读我的故事！
- 我的鼻子上有着独特的纹路，一如人类独特的指纹。通过到处嗅闻，我可以了解周围的环境，并认识其他的猫咪。
- 我感觉灵敏的脚爪上长着可以伸缩的指甲，脚爪下长着柔软的肉垫，这也是我排汗的地方。
- 我有四千万根毛！

猫科动物的奥秘：咕噜声和喵喵声

猫可以发出“喵喵”声来与我们人类交流。此外，它们还会发出另外一种奇特的声音，即咕噜声。这样做的原因目前仍然是个谜。有时，猫通过咕噜声让我们知道它有多么喜欢我们在它肚皮上做的按摩。但许多科学家也认为，如果猫感到害怕或受了伤，也会发出咕噜声来使自己平静。这种愉快的声音甚至可以治愈它们！

你，是我领地的一部分

猫有没有用脸颊或尾巴蹭过你？其实，这样做是为了让你附着上它的气味，从而把你标记为它领地里的合法成员。

欧洲短毛猫

智力：🐾🐾🐾🐾

驯化指数：🐾🐾🐾🐾

活跃指数：爱上蹿下跳

跑丢可能性：🐾🐾🐾

近人指数：当我愿意时，你才可以抚摸我

不管你原来是怎么想的，其实我的内心深处可是住着头野兽的。因此，我有时会怀念自己在野外自由奔跑的时光。蜷伏，竖起耳朵，伸出爪子——跳！

灵巧的捕鼠小能手

外表

肌肉发达的身体，短而浓密的被毛

性情

我们每一只猫都是独一无二的，因为我们不是由人类一步步培育而成的。所以，与其他品种不同的是，我们不必满足那些关于性格或性情的严格标准。我们往往很聪明（天生的，没办法），爱玩，精力充沛，但我们可不是疯狂莽撞的家伙。你问我在窗台上打盹儿的下午怎么样？那真是太好了，咱们走吧。不过，我们真正喜欢的是狩猎——这是我们强烈的本能需要。

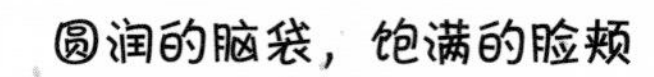

粗壮大腿，圆形脚爪

我是如何被培育出来的

我所结识的第一个人类是陪我在欧洲一起旅行的罗马士兵，我负责保护他们的食物不受饥肠辘辘的啮齿动物和厚脸皮的鸟儿们侵犯。我简直无法描述他们对我有多尊敬！慢慢地，我褪去了野外猎食者的身份，变成了一个忠诚的伙伴，同时也是那些总出没于储藏间和厨房的老鼠们的噩梦。

入侵者！你是谁？

就像野生动物捍卫自己的领地一样，我也需要争取统治自己家园的权力。随着时间的推移，我也许会接受一个新的猫朋友或狗朋友，但这需要一些时间。毕竟，我得确保在我们的家突然变得拥挤后，人类爱的还是我！

一条有趣的知识

任何具有上述外表和性情的家猫，都可以被称为欧洲短毛猫。不过你很难在乡下的野地上或动物收容所里找到这种猫。

其他有斑纹的猫咪

1. 中国狸花猫
2. 澳大利亚雾猫
3. 沙漠猞猁猫
4. 美国短毛猫
5. 莫哈韦斑点猫
6. 高地短毛猫

怎么会有人分不清我们呢？

高地短毛猫

一条短尾巴，外加竖起的、仿佛被什么支撑着一样的耳朵，你绝不会把它们误当作别的品种。

中国狸花猫

我的名字之所以是“狐狸”和“花”的组合，是因为我看起来颇具野性，还有着花朵似的斑纹。

沙漠猞猁猫

我有一条短得搞笑的尾巴，还有数不清的爱慕者。

澳大利亚雾猫

在澳大利亚繁育出的第一只猫就是我哦！

莫哈韦斑点猫

一直到1984年，我们都只生活在野外，生活在莫哈韦沙漠深处的洞穴中。

美国短毛猫

我是坐着欧洲的殖民船来到美国的，我是船上的捕鼠员。

喵星球新闻

第7卷第1363期 🐾 始于1892年 🐾 2006年7月12日星期三 🐾 售价：25根猫毛

一双隐秘的眼睛正注视着黑暗中的布鲁克林街道

今日的《喵星球日报》带给您的是关于弗雷德的采访报道。弗雷德是只雄性短毛斑点猫，他从一个无家可归的生病的孤儿，一路成长为纽约警局的一名秘密特工。

小编雪球：当一名秘密特工是什么感觉？危险吗？

弗雷德：处处充满悬念、危险，也让人紧张。即使有时候遇到困难，但我知道，我做的是正确的事。

小编雪球：我们还想了解更多。比如，您最近一次处理的案件是什么？

弗雷德：有这么个人，特别不起眼。他假装是一名兽医，而事实上，他并不具备相关资质。但别人也没有证据来揭穿他。我们的人一直待在他家的窗外潜伏着，有时也从钥匙孔中窥探，然而始终抓不到他的现行。最后，我和我的搭档斯蒂芬妮·格林琼斯决定去查看一下。不过，首先需要有一个患者……

小编雪球：于是您自愿成了那个诱饵？

弗雷德：没错。

小编雪球：太让人钦佩了！（小编和弗雷德击掌示意——编者按）

弗雷德：（发出了害羞的咕噜声……）其实，这只不过需要一些胆识罢了。正当那个“兽医”要给我注射什么东西时，格林琼斯赶紧蹿出来帮忙。喵呜！后来我们检查犯罪现场的时候，在屋后发现了一个小隔间，里面全都是他偷的各种动物。

小编雪球：而如今，这个罪犯已经被关进监狱了。

弗雷德：看情况是。不过我决定把我的警察职业生涯暂停一下，去当一名老师。明天是我进学校的第一天。我要教孩子们如何对待动物，如何关爱它们。

小编雪球：谢谢您接受这次采访。

让我们向猫界的詹姆斯·邦德说再见，并祝愿他在外面经历更多的冒险！

英国短毛猫

如果你给我张舒服的沙发，给我心爱之人的陪伴，以及让我这个猫科动物有嬉闹玩耍的机会，那么我就会是你家里最开心、最受宠爱的成员啦！

智力：

驯化指数：

活跃指数：除非我想去玩了，我才会离开沙发

跑丢可能性：我还能去哪儿呢？

近人指数：超级黏人，不过也只在我想黏你时

别说话，爱我！

性情

人们喜欢我悠然自得的个性。我可是只强壮的酷猫，绝不允许被人随随便便扔开。无论是年轻人还是狗狗室友们，我都乐意与之交朋友。我爱和其他猫咪一起玩游戏，或者到处蹿。但我不需要一个花园之类的巨大空间才能找乐子，小小的阁楼也一样不错。当然了，我更喜欢待在主人的大腿上。

外表

我是如何被培育出来的

据说，我的祖先是被古罗马人带到英国的。他们在与世隔绝的不列颠群岛度过了几个世纪，同时捕捉了上百万只的老鼠后，这些英国街头的“女王们”被安排与波斯猫进行交配、育种。于是，英国最古老的品种就这样诞生了。后来，我们又与法国蓝猫*杂交。这也是我们与他们如此相像的原因。

* 法国蓝猫（Chartreux cats）：又称沙特尔猫或夏特尔猫，与英国短毛蓝猫、俄罗斯蓝猫共称世界三大蓝猫。外表与英国短毛蓝猫极其相似，体形大小在英国短毛蓝猫与俄罗斯蓝猫之间。——译者注，下同

一条有趣的知识

我的姐妹——英国长毛猫，比我多了一些波斯基因。她们很喜欢玩逻辑游戏。

各种颜色的英国短毛猫

1. 三种花色，底色为白色（绿色眼睛）
2. 蓝灰色（传统品种）
3. 银白相间（绿色眼睛）
4. 浅黄褐色
5. 巧克力色（金色眼睛）
6. 黑色（蓝色眼睛）

怎么会有人分不清我们呢？

科拉特猫

在我的家乡泰国，人们认为我会带来好运，所以他们经常把我作为礼物送给新婚夫妇。

法国蓝猫

据说我是由沙特尔修道院的僧侣培养出来的猫。

我们早已不是只有蓝灰色的外表啦

如今，我可以有很多种颜色和花纹。有三种花色的、虎纹的，还有斑点的。

马来猫

我喜欢喵喵叫，尤其是在晚上。而由于一些“奇怪”的原因，我的人类室友往往会介意这一点。

喵星球新闻

第19卷第1474期 🐾 始于1892年 🐾 2015年10月7日星期三 🐾 售价：25根猫毛

挂着神秘微笑的柴郡*猫

画一只咧嘴大笑的神秘猫咪并不能信手拈来。问问那个画柴郡猫的人就知道了。柴郡猫的第一次亮相是在《爱丽丝梦游仙境》这本儿童读物里。

天快黑了。钟敲响了五下——是时候来享受一杯醒神的茶了！一位名叫约翰·坦尼尔的插画师正坐在他的房间里，陷入沉思。因为他的朋友，作家刘易斯·卡罗尔，请求坦尼尔为自己的一本书画只猫，就是那本《爱丽丝梦游仙境》。他说："我的绘画水平太差了，没法画。我需要一个专业人士来做这件事。"这是因为他想要的不是随便一只普普通通的猫。卡罗尔自己曾试图画出猫脸上的那抹神秘的微笑，但结果只产出了一垃圾桶的废纸。

坦尼尔抿了一口茶，脸上露出了狡黠的笑容——他想到了一个主意。他早上吃的奶酪的包装纸上有只灰猫，还有一周前见到的那只英国短毛猫，那个用泥乎乎的爪子毁掉他厨房桌布的小家伙……坦尼尔把它抓了个现行，而它却只是若无其事地朝他笑了笑。他还想起自己从小就常常在教堂墙头看到的一群挤眉咧嘴做鬼脸的猫脑袋。"我美丽的灵感女神！"他欣喜地拿笔尖蘸了蘸墨水开始画，直到桌子在92幅插画的重压下开始摇摇欲坠，他才停下来。其中一幅画的是柴郡猫，带着迷人的略显罪恶的微笑。坦尼尔还不知道，他刚刚创作出了历史上最著名的插画之一。

一个有趣的细节：你知道吗？有一个遥远的星系，名字就叫柴郡猫星系群**。那是因为就像卡罗尔的故事一样，这个星系出现在你的望远镜中，然后又像蒸气一般消失了，也就是说，科学家们依然不确定它们是否真的存在。

击爪——小编

* 柴郡（Cheshire）：英格兰西北部的一个郡。

** 柴郡猫星系群：天文学家在宇宙中发现了一个轮廓酷似微笑的柴郡猫脸的星系群，认为是该星系附近的暗物质将星系的光线扭曲了，从而形成弧形的光。但关于暗物质的证明目前尚有争议，故而下文说"不确定是否真的存在"。

苏格兰折耳猫

智力：🐾🐾🐾🐾🐾
驯化指数：🐾🐾🐾🐾🐾
活跃指数：絮絮叨叨
跑丢可能性：🐾
近人指数：抚摸总能令我心满意足

我有一对短短的向前翻折的耳朵和一双闪着智慧之光的眼睛，因此有人说我长得像猫头鹰。你觉得呢？欧——欧——（试图发出猫头鹰一般的叫声）呃……其实，我还是更擅长——喵呜！

猫界的猫头鹰

外表

圆脑袋，大眼睛，一副透着无辜的可爱神情

折叠着的耳朵有很高的辨识度（尽管我们出生时的耳朵是正常形状）

有长毛也有短毛的品种

腿有些短

我是如何被培育出来的

历史上发现的第一只苏格兰折耳猫，是我曾祖母的曾祖母苏茜。她在苏格兰珀斯郡的一个农场里过着快乐的“猫生”。1961 年，农场的邻居——一个猫咪爱好者兼繁育人，被苏茜和她的孩子们彻底迷住了，所以在五年后还为她这个品种专门建立了一所繁育站。

折耳的三种形态

1. 单折
2. 双折
3. 三折

折耳的三种形态

我曾祖母的曾祖母苏茜开启了猫咪的折耳时代。但是，你要知道，这并不像看起来那么简单。我们中有些猫的耳朵只折了一点点，简单地说，耳尖是唯一向下弯的地方。另一些猫的耳朵则是从中间开始折下去。我还有一些亲戚的耳朵是紧贴在脑袋上的，让它们可爱的脸看起来非常圆。

性情

总的来说，我就是行走的幸福猫咪的活广告。我的心情总是很好，我爱我的人类家庭、小朋友，还有动物伙伴。我喜欢玩耍，尤其是去野外，有时还会到人类身边寻求抚摸。但我有自己的想法。毕竟如果不这样做，我还能算一只猫吗？另外，不要离开我太久，我讨厌这样！哼，看我不挠你！

像一尊佛

我发现了保持神仙般舒适的秘密！只需坐下，立直上身，向前伸直后腿，最后把前腿放在你的肚子上。人们说我坐着的样子就像一尊佛。

让我睡会儿

噢，我太需要伸展下身体休息一下了，我愿意整天躺着，这一点都不成问题。但我可不孤独！我们苏格兰折耳猫就是有点儿懒——没错，每一只都不例外，这是我们的天性。刻在骨子里的懒散让我们甚至懒得发出表示舒服的咕噜声，因为发声也是很累人的，更别说走路了！我们喜欢被人类带着到处跑，或者一起窝在沙发上看电视，假如他们不想做别的事的话。如果你是个有呼噜声就睡不着的家伙，最好赶紧囤些耳塞吧，毕竟，要问我们打不打呼噜？那必须！我们先躺倒，闭眼，接着就……呼……呼……

寻找基因

科学家发现苏茜不久后，就开始调查我们身上这个不寻常的折叠体征。他们了解到这是由一个会遗传给所有该品种小猫的基因导致的。不过，这个基因只表现在部分猫的外貌上。例如，我的一个兄弟是折耳，但另一个一直到成年之前都是立耳。

各种颜色的苏格兰折耳猫

1. 白色　2. 玳瑁色
3. 灰色
4. 三种花色（底色为白）
5. 奶油色
6. 金色金吉拉*

* 金吉拉（Chinchilla）：指的是一种经过选择性培育产生特定毛色的猫，它与栗鼠的毛发相似，一根毛发上呈现多种不同的颜色：根部为浅色（白、黄、金等），尾端呈深色（黑、棕等）。

喵星球新闻

第24卷第1521期 始于1892年 2019年9月24日星期二 售价：25根猫毛

猫咪的内在美

亲爱的人类读者，此则故事是专门为您准备的。自上一期出版以来，你们的猫咪向我们投来了数百封愤怒的信。

甚至连我们的编辑团队也被卡利波这只苏格兰折耳猫的勇气感动得热泪盈眶。卡利波与我们分享了她的故事："你明白，作为一位著名歌手，我拥有我这只谦卑的猫想要的一切，"它继续吐露心声，"除了没有健康。也许我看起来很可爱，而听到别人这样讲也确实令我很开心，不过随之而来的还有许多健康问题。跳跃于我而言是件困难的事，另外，我也无法像其他猫咪那样轻快地摇动尾巴。如果我还能选择的话，我要成为一只普通的猫咪。"卡利波表示希望主人能看到她的恳求，她补充道："我希望有一天能嫁给一只普通的流浪斑点猫。那样我就能希冀着自己的孩子可以任情地蹦跳嬉戏。我不在乎外貌，我相信他会用内在美来吸引我。"卡利波信心十足地做了结尾，而我们也完全赞同她的观点。

好了，体贴又博爱的爱猫人士们——去拯救所有被遗弃的猫咪吧。它们会以自己的方式感谢你的慷慨的！若是你不能这样做，请至少给动物收容所带去一些食物，让流浪猫们能够像国王和王后一般在圣诞节享受盛宴吧！

蓝眼睛的主编，
一只被从垃圾桶里拯救出的幸福猫咪

美国卷耳猫

智力：🐾🐾🐾🐾🐾

驯化指数：最终，你总能把我教会的

活跃指数：爱上蹿下跳

跑丢可能性：🐾🐾

近人指数：🐾🐾🐾🐾

也许我看起来像一个脑袋上长着天线的外星人，不过信不信由你，我是一只有血有肉的猫，我的脚实实在在地踩在大地上。

忠实的家庭之友

性情

我爱我的家人，尤其是那些年轻的人类，他们可是我真正的“犯罪同伙”。虽然我不是太喜欢跟你聊天，但我爱嬉闹蹦跶。一个大跳！我敢说，你肯定抓不到我！喵呜！如果孩子们不在的话，我也可以和大人们一起玩，我喜欢看着他们做任何事情。

外表

我有着卷曲的耳尖和宽大的耳朵，它们能够旋转 180°

我有着光滑的皮毛，额外带一层短短的贴身的底毛*

* 猫身上的毛发，即被毛，由三类毛构成：长而粗硬的顶层护毛，短而细软的底层绒毛，以及性状介于中间的中层芒毛。

我是如何被培育出来的

1981 年，一只流浪猫被发现于美国加利福尼亚州。如果不是因为它拥有我们美国卷耳猫才具备的魅力，把两位好心人迷得神魂颠倒，那么它的下场就会像大多数流浪猫一样。那只猫的耳朵是向后翻的，似魔鬼头上的犄角。舒拉米特——新主人这样称呼这只怪胎。后来，它成了我们这个品种的祖先。

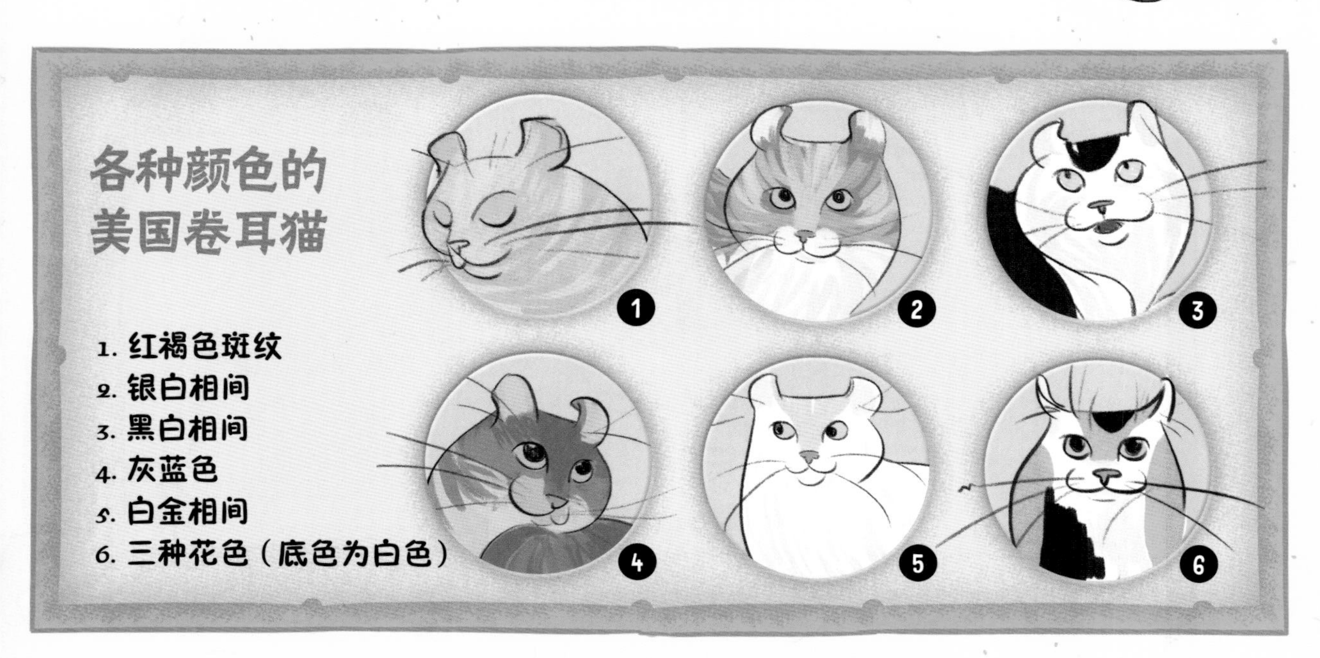

各种颜色的美国卷耳猫
1. 红褐色斑纹
2. 银白相间
3. 黑白相间
4. 灰蓝色
5. 白金相间
6. 三种花色（底色为白色）
1
2
3
4
5
6

进化版的家养猫

尽管我们的前辈舒拉米特流传下了令我们耳朵弯折的基因，但我们仍然是悠闲、活跃、懂得感恩、善于社交的家猫。我真正感激的是，这个基因让我们通常都很健康，没有一些其他品种的猫所患的疾病。我们可以跳跃、嬉戏一直到老——蹦啊！挠啊！冲啊！跳啊！

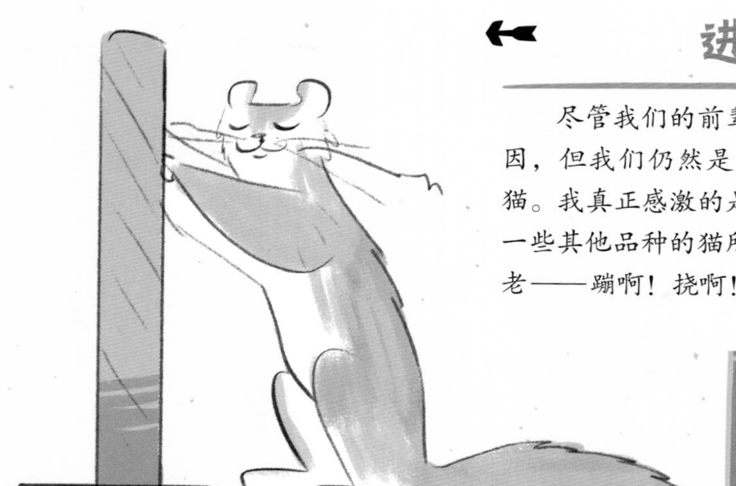

朋友越多越好

也许有些猫愿意享受一处温暖舒适小角落的专属宁静，但我不。我不介意热闹的屋里充满了喧嚣的小孩和动物，只要确保我才是大家注意力的中心就好。

喵星球新闻

第17卷第1469期 始于1892年 2015年5月26日星期二 售价：25根猫毛

自由之路：道路的威胁

据说，猫有九条命。然而有时，我们也会发现自己陷入了不知如何摆脱的棘手困境中。对此，一只名叫“自由之路”的猫有故事要讲。让我们了解一下他是如何得到这个不寻常的名字的。

自由之路喜欢公路。不只是小的土路，它还喜欢有着数条车道的野外高速公路，因为那里交通繁忙，噪声很多。不过有一天，他对汽车引擎声的痴迷让他惹祸上身。他走到一条特别危险的公路上，然后，哎呀！“我正玩得开心，享受着两旁汽车相对飞驰而过的呼啸声。接着我意识到，我已走得太远了。我被困在了车道中央，无法离开。我所能做的就是爬到分隔车流的那条狭窄的金属栏上。我挂在那里，拼命地喵喵求救。喵呜！喵呜！”自由之路回忆起了他的恐怖时刻。

“有几个司机看到了我，但没人敢停下来。直到理查德出现了。”“当我注意到这只猫时，我就知道它需要我的帮助。我把车停在路边，跑去救它。它用那双大大的琥珀色眼睛向我投来恳求的目光。在我还没反应过来时，它已经钻到我怀里了，高兴又放松地咕噜哼唧。”理查德这样描述道。他最终收养了这只好动的公猫。他相信任何人都会像他那样做的。“大家都应该互相帮助，不管我们是人，还是动物。”我们的编辑团队也十分同意这句话。

曼基康猫

智力：🐾🐾🐾🐾
驯化指数：🐾🐾🐾🐾🐾
活跃指数：像一架喷气飞机
跑丢可能性：就像大多数家猫一样，我喜欢在附近到处走走
近人指数：🐾🐾🐾🐾

我是所有猫或腊肠犬爱好者的梦想。但不要误以为我是一条狗——我是一位有着典型猫脾气的女士。

有一颗金子般的心的猫界腊肠犬

外表

我们有长毛与短毛之分，在选美比赛中被分开来评判
我体形娇小
也许我看起来像是只普通家猫，但我与众不同的小短腿能让你一眼就认出我

性情

我的小短腿并不影响我的自信和骄傲。我很独立，对其他动物或人类都很友好。我很可爱，也能像其他猫一样奔跑跳跃。唯一不同的是，我大概不会跳到你的厨房案台上。不是不喜欢，纯粹是做不到。真遗憾呀！

我是如何被培育出来的

1983 年在美国路易斯安那州，一位音乐老师把两只短腿怀孕母猫救助回家。显然，它们是被某些又丑又坏的蠢斗牛狗追到卡车底下躲起来的。你能想象吗？那位女士给其中一只取名叫“黑莓”，并收养了它。黑莓生了几只小猫，全部都是短腿。其中一只名叫图卢兹的公猫长大后喜欢在附近到处乱窜。多亏它在邻居家里搞出的众多风流韵事，短腿猫很快就占领了全世界……

不同花色的曼基康猫
1. 银灰色
2. 黑白相间
3. 蓝灰色条纹间杂白色斑点
4. 三种花色（底色为白色）
5. 奶油色
6. 玳瑁色
1
2
3
4
5
6

绿野仙踪的猫巫师

我们以“曼基康”这个名字为傲，因为这是为了纪念伟大的美国作家莱曼·弗兰克·鲍姆，是他创作了《绿野仙踪》中小女孩多萝西的故事。这本小说里描述了一群身穿蓝衣服的小矮人，他们也被称为曼基康人。

一个新品种？多么可耻！

你敢相信吗？在 1994 年，我甚至让某个国际猫协会，即决定是否正式承认某些品种猫的机构中的一位长期评委用辞职以示抗议。虽然该机构已经承认我是一个新的品种，但那位评委认为我们曼基康猫会发生脊椎畸形和一些其他问题，因此不希望有人继续培育我们。但她似乎错了。我们和那些长腿家猫一样长寿且快乐。不过，我们还在等待被一些其他的国际机构所认可。

怎么会有人分不清我们呢？

小步舞曲拿破仑猫

我的出现经历了艰难的过程，我是曼基康猫与波斯猫的杂交品种。你问我为什么叫拿破仑？这当然是以伟大的法国指挥官，那个据说很矮的人的名字来命名的！

喵星球新闻

第25卷第1524期 🐾 始于1892年 🐾 2019年12月8日星期日 🐾 售价：25根猫毛

是松鼠，还是猫？

周一测验

亲爱的公猫、母猫，以及小猫们，自我们编辑部收到下列照片以来，已经过去了大约一周。仔细看看，猜一猜，你觉得图上是只猫，还是只松鼠？小圆脸，小短腿，还有毛茸茸的尾巴，你有答案了吗？

好了，不卖关子了，我们的编辑团队花了整整一周来寻找这个神秘的生物。在一波令人精疲力竭的搜寻之后，我们可算成功了！这个家伙的名字叫贝尔，是只可爱的拿破仑猫，她和她的一只猫兄弟一起生活在日本。贝尔说她喜欢各种食物，她能单靠后腿站立，还特别喜欢佩戴蕾丝围巾。但当我们斗胆问及她的身高时，她的回答就和与她家族同名的世界著名的军事领袖一样有力。

“你若是取笑我的身高，”她警告道，“我就跳到你头上去，哼！”（注：这听起来确实像在咆哮，而不是猫咪平常的咕噜声。）她的回答一下子让我们破防了。显然，她的可爱就是猫咪的秘密武器，一个在任何情况下都敢用的绝招！😊

马恩岛无尾猫

智力：🐾🐾🐾🐾🐾
驯化指数：🐾🐾
活跃指数：爱上蹿下跳（但老鼠们可得小心了！）
跑丢可能性：🐾🐾🐾
近人指数：🐾🐾🐾🐾

以最神圣的猫的名义发问：你不知道马恩岛？天啊！快拿起地图，找到这个小小的、不显眼的世界角落——那里是我的故乡。我就像这个岛一样独特、古老、神秘，同时忠诚、自豪、对人类友好。你知道吗？我没有尾巴！不过尽管如此，还是有不少猫奴为我着迷。

绝非弱者，而是受人爱戴的神灵

外表

我们之中有一部分猫是凸尾或小尾，但尾巴处完全没有凸起才是我们这个品种中最常见的

中等身材，肌肉紧实不松弛

圆脑袋上长着尖尖的耳朵和一个独特的鼻子

我的后腿比前腿长，所以我跑起来像兔子

性情

虽然我没有尾巴，但我绝不缺少任何成为理想的猫咪朋友的特质：我性情平和，黏人，谨慎对待未知的东西。你也许会被我的聪明震惊到，比如我甚至能够学会捡球！

怎么会有人分不清我们呢？

北美洲短毛猫

我让你想起什么来了？但愿你的答案是“山猫”。

千岛短尾猫

我的野生祖先们随着时间的推移摆脱了它们的长尾巴，因为它们在俄罗斯远东的严酷荒野中往往会被冻僵。我告诉你，这一点儿都不好玩。

美国短尾猫

人们称我为“猫界的金毛寻回犬”，因为我的性格像狗狗，训练我很容易。

日本短尾猫

我仍记得武士英雄和高贵艺伎的时代。我的尾巴其实有12厘米长，但因为它是弯折着的，所以看起来比较短。

我是如何被培育出来的

没人知道具体是什么时候，就是有一天，一只没有尾巴的小猫在马恩岛诞生了。人类和其他猫都被它吓呆了！在它成年后，把这一引人注目的奇特之处传给了所有原住猫的孩子，然后又传给了它们的小猫，再传给了它们的小猫的小猫……你看，我们几乎征服了整个岛屿。

如今，住在马恩岛的人若是碰巧发现一只长着尾巴的猫，他们则会用手指着这个奇特的生物赞叹不已。

人人都想要我

19 世纪，我不寻常的外表引起了英国国王爱德华七世的注意。这个后来陆续养了几只马恩岛无尾猫的男人令我声名鹊起，以至于出现了人们要把马恩岛所有无尾猫都带走，导致品种将要灭绝的危险。因此，政府建立了一个国家级繁育站，以延续马恩岛无尾猫这个品种。马恩岛的人们非常尊重我，甚至把我作为他们的象征。

其他短尾猫品种

1. 美国短尾猫
2. 北美洲短毛猫
3. 千岛短尾猫
4. 日本短尾猫
5. 威尔士猫*

* 威尔士猫（Cymric cat）：别名长毛马恩岛猫，是在 20 世纪 60 年代繁殖马恩岛无尾猫的过程中偶然诞生的长毛小猫，所以是马恩岛无尾猫的长毛变种。威尔士猫并非来自威尔士，其原产地是加拿大。

喵星球新闻

第18卷第1472期 🐾 始于1892年 🐾 2015年8月2日星期四 🐾 售价：25根猫毛

大猩猩科科有了一只小猫咪，取名叫"球宝"

众所周知，世界上不缺少猫。但有时，我们有太多只了，而善良仁慈的、愿意照顾流浪猫的人是少见的。如果你想让大猩猩担当这个角色，那你可想错了！不过你知道吗？事实上，确实有一个这样的慈善家。

她的名字叫科科，其存在简直像母鸡长牙一样稀有。她的母性本能早在1983年的圣诞节就表现出来了，那时她就希望收到一只猫咪作为礼物。照顾她的人是心理学家芙朗辛·帕特森。起初，芙朗辛并没有把科科的愿望当真，所以给她买了一个普通的毛绒玩具。但科科马上让芙朗辛明白了，任何玩具都无法取代一只活生生的小猫。因此，7月4日，科科的生日到来之际，芙朗辛从动物救助所选了一只被遗弃的小猫。科科轻轻地抚摸着这只小小的灰色毛球，并给它取名叫"球宝"。从那时起，科科对它就像对待一只小猩猩，也许还教了它手语——科科知道1000种手势呢！

亲爱的猫咪读者，你们怎么看？你会想要拥有一位大猩猩妈妈吗？我们的编辑团队肯定毫不犹豫地愿意。

科科的故事仍在继续……明天又是新的一天

养育了小猫球宝的西部低地大猩猩科科，后来不幸失去了小猫，但她对马恩岛无尾猫的喜爱并未停止。过了一段时间，她的生活又被四个新的小家伙的"喵喵"叫所填满。它们分别是小黑、小灰、口红和烟熏。

波斯猫

智力：

驯化指数：

活跃指数：顽固的沙发爱好者（你是永远无法把我从沙发上弄下来的！）

跑丢可能性：

近人指数：

我蓬乱的长毛与扁平的鼻子是代表着高贵与完美，还是意味着活生生的噩梦？显然，大家对于这点并不能达成一致。唉，我就爱我本来的模样——谁还敢这样说呢？

爱者爱之，恨者恨之

性情

一只“长在沙发上的猫”——对我而言，这不是一种侮辱，而是一种赞美。毕竟，没有什么比得过在舒适的枕头上打个盹儿了，特别是在开始一天的工作之前，这才是名副其实的放松。我是一只温和、安静的猫，很乐意成为你公寓里一个温暖的装饰品。可能有人会说我懒惰，但别信他们的。我不过是有着自己喜欢的生活方式罢了，也就是有心爱的人喂我、摸我、梳理我的长毛。而我，好吧，有时我都注意不到他们周末回家了没。

外表

圆脑袋，宽下巴，长着与众不同的塌鼻子

橘色、绿色或蓝色的巨大的圆眼睛

厚实的长毛让我原本的中等体形看起来大了许多

短短的蓬松的尾巴，通常垂着向下

如丝般的毛外套需要经常护理

很多人对养波斯猫望而却步，因为觉得护理我的长毛是件可怕的苦差事。没错，我每天都需要梳毛。但如果你坚持下来，就会有回报。我的毛将如丝般丰盈松软，这总会让你受到鼓舞。我喜欢梳毛，就像人类喜欢按摩一样……嗷呜（打了个哈欠）！

我是如何被培育出来的

有传言说，我的祖先在很久以前生活于波斯，也就是如今的伊朗。16 世纪，意大利贵族彼德罗·德拉瓦尔在环游中东时爱上了我，于是他共带了 8 只小猫回到欧洲的家。我到了一个周围全是欧洲猫咪的地方，这些长毛的家伙看起来像是来自一个完全不同的世界！最终，毫无疑问，我们又去了美国，接着去了地球上人类居住的其他大洲。

各种颜色的波斯猫

1. 白色
2. 棕色斑纹
3. 黑色
4. 玳瑁色
5. 白色橘色相间
6. 银灰色/灰蓝色斑纹

不，我们小时候没有把脸撞到墙上过！

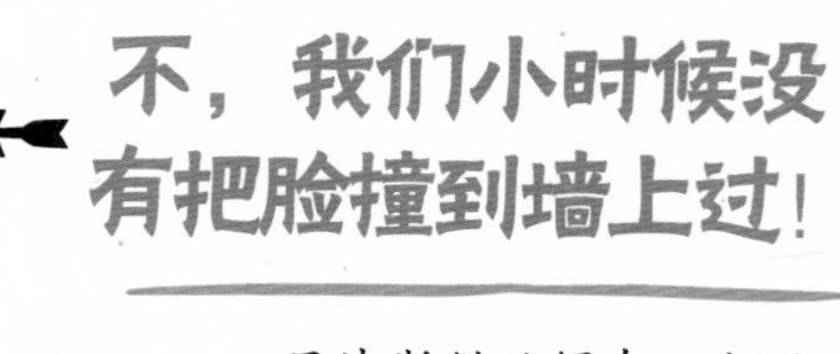

一只波斯猫必须有一个明显的塌鼻子……或许也不是这样？信不信由你，一直到20世纪中期，我的祖先的脸都比我的长一些。有几只小猫在出生时就有着在当时不多见的扁平脸。培育者觉得它们很可爱，就决定保留下波斯品种里这个意外的特征。所以，今天也存在着长鼻子的波斯猫。

我赢了第一场猫咪选美秀

这场比赛于1871年在伦敦举行，相当盛大——约有2万名游客前来观看猫咪秀！尽管参与比赛的有许多著名的品种猫，比如暹罗猫、安哥拉长毛猫、苏格兰野猫等，但我还是占尽了风头，并捧回了金牌。

喵星球新闻

第15卷第1463期 始于1892年 2014年11月17日星期一 售价：25根猫毛

我不喜欢你！来见见世界上脾气最坏的猫！

猫界的奇闻趣事

来和世界上脾气最坏的猫，加菲，握个手吧。要不，还是算了……有时候最好还是不要冒没必要的险，谁知道他喜不喜欢你呢。很可能不喜欢。他肯定是一整天都摆出一副讨厌你的样子，直到你真的开始相信这一点为止。我们的猫咪表情专家米米和克里，在业余时间寻找失踪的猫，还与业内领先的猫咪侦探和犯罪学家有合作。他们提出了三种假说来解释为什么加菲看起来这么凶。

1. 加菲没睡好

2. 加菲真的不喜欢某些东西（同时试图隐藏起它的反感）

3. 其实加菲是最快乐的猫，但是他十分担心自己的笑容不好看，又或是担心他笑起来的话，主人和其他猫咪不会给予他应有的尊重。这就是为什么他把自己的真实情绪掩藏在了“我是一只生人勿近的无情公猫”的面具之下

加菲的土耳其籍主人许莉亚·厄兹柯克向米米和克里揭露了令人惊讶的真相：“我知道它看起来像是随时准备伸出爪子，但它真的是个小可爱！”她激动地解释道。而当她说话时，加菲正卧在她的腿上，享受着主人在它耳后的抚摸，并发出满足的咕噜声。信不信由你，它看起来真的很开心！

给它一只刚出炉的烤火鸡时，它的表情：不要。

给它洗一个暖和的澡后，它的表情：我不喜欢你。

给它读一个睡前故事时，它的表情：我有没有告诉过你我不喜欢你？

它在雪地里撒欢，给它戴一顶小帽时它的表情：我会咬你的！

异国短毛猫

闭上眼，想象一只软乎乎的泰迪熊，你正充满爱意地抱着它……现在，想象一下这只泰迪熊在你的怀里活了过来，心满意足地发出咕噜声。这就是我，咕噜！

智力：🐾🐾🐾🐾
驯化指数：🐾
活跃指数：简直是个成天躺在沙发上的懒家伙（什么嘛，我是需要睡美容觉的！）
跑丢可能性：🐾
近人指数：最黏人的猫咪之一

幸福的咕噜咕噜的软毛球

外表

大而圆的头部，丰满的脸颊，以及短短的有时导致呼吸困难的鼻子

肌肉量适中，身体圆润；被毛厚实，带一层底毛

性情

你很难找到一个比我更安静的伴侣了。我完全不介意整天躺在那儿无所事事（毕竟有人类给我提供食物，对吗），但我的好奇心很强，一直关注着我深深爱着的人类和动物朋友。

一条有趣的知识

与大多数其他品种的猫不同的是，我衰老得很慢。换言之，我进入青春期的时间也晚，在出生后两年才彻底成年。不过，我从小到大都很喜欢贴贴抱抱。

小鼻子带来大麻烦

体内波斯猫的基因遗传给我一个短鼻子。每当我有了个坏主意，比如说想深度锻炼一下时，这鼻子就让我呼吸困难。它还经常堵塞泪腺，所以我的主人每天都需要用湿棉签清洁我的眼睛。

各种颜色的
异国短毛猫
1. 黄白相间
2. 白色
3. 灰色
4. 灰白相间
5. 三种花色（底色为白色）
6. 褐白相间
1
2
3
4
5
6

我能蹦沙发上和你待在一起吗？

“沙发上长猫”，说的就是我啦！可能别的猫热衷于在花园里疯跑，而我就是爱窝在家里，窝在我主人的床上。而且，沙发上的猫可不会感冒，不是吗？

我是如何被培育出来的

20 世纪 60 年代，美国的培育者开始想知道短毛的波斯猫会是什么样子，于是他们着手让波斯猫与美国短毛猫交配。就这样，到了 1966 年，我作为一个独立的品种被正式承认。不过，我和波斯猫仍有许多共同点：我继承了它的脾气、外表，一切。

喵星球新闻

第21卷第1506期 始于1892年 2018年6月18日星期一 售价：25根猫毛

加菲尔德 周一测验

加菲尔德——谁会没有听过它的大名呢？但你真的了解它吗？大家一起动脑，找出下面问题的答案吧！

1. 加菲尔德最喜欢的食物是什么？

a. 花椰菜　　b. 千层面　　c. 两者都喜欢

2. 加菲尔德最讨厌一周中的哪一天？

a. 周日，因为它得早起去抓下周要吃的老鼠（这样它下周就能偷懒了）

b. 周三，因为距离周日还有好久

c. 周一（乔恩又要去上班了，它不高兴，但它的自尊不允许它表达出来）

3. 你知道加菲尔德有哪些朋友吗？

a. 欧弟和娜尔曼　b. 乔恩和莉兹　c. 奥蒂莉亚和塞瓦尔

4. 加菲尔德出生在哪里？

a. 在意大利的一家餐馆里正中央

b. 在吉姆·戴维斯的脑子里

c. 两者都对

5. 最后一题，一道陷阱题：加菲猫是什么品种？

a. 它是一只异国短毛猫

b. 它是一只姜黄色的混血猫，又胖又懒，看起来有点儿像异国短毛猫（那种娇生惯养的离谱脾气似乎遗传给了它）

c. 我认为它是一只美国短毛猫

每答对一题加一个小鱼干：1b，2c，3a，4c，5b

5个小鱼干：你不会就是加菲猫本猫吧？你和它也太熟了，你俩可能是双胞胎。

3～4个小鱼干：还不错。你肯定比周一得分高。

0～2个小鱼干：也许你该少在沙发上偷点儿懒，或者手里至少拿着本漫画书看看！

缅因猫

智力：

驯化指数：

活跃指数：是只冷静的酷猫（喜欢玩耍可不代表会疯跑）

跑丢可能性：

近人指数：

你将有幸见到世界上体形最大的猫！如果是雄性的缅因猫，那么它很可能与 18 个月大的儿童一样重——不过这是个优点，因为我们喜欢和小朋友一起玩。

温柔的巨人

外表

性情

我是家庭的宠儿，因为我喜欢小孩，而且动静皆宜——既爱奔跑玩耍，也爱躺着被摸。同时，也是我最自豪的一点，我从不勉强人类。如果他们不在家，我便自娱自乐。难道我要把时间浪费在像个失败者一样自艾自怜上吗？噫！特别是当我可以睡个大觉的时候。我几乎能在任何地方以任何姿势入睡，不管有多不舒服——或者倒立，或者围着椅子腿，又或者挤在你的迷你娃娃屋里……我怎么可能会因为找不到枕头躺这种小事，而放弃舒舒服服地睡一场呢？

颧骨高，鼻子独特
体格雄壮魁梧，棱角分明；被毛长，需要经常打理
母猫“仅”重 5～7 千克，成年公猫重达 9～12 千克
蓬松的长尾巴让它看起来像一只浣熊

只喝碗里的水

人们看到我喝水的样子，总会莫名其妙地发笑。可能是因为我要先拍打几次水面，赶走碗里盯着我看的猫吧。然后我才会舔上一口水。有时候我还用爪子舀水。你也应该试试，这还挺实用的，喵！

我是如何被培育出来的

这个问题没有人特别清楚。大家只知道我是美国短毛猫和挪威森林猫的杂交品种。如果你问是谁把我的生活从祖先生活的欧洲带到了美国，有传言说是一个英国海员，叫查尔斯·库恩，也有人说是玛丽·安托瓦妮特把猫运到了美国。总之，人们首次注意到我们是在19世纪的美国缅因州。那会儿我们还在忙着抓老鼠，没什么机会躺在人类的沙发上。

小声喵喵，大声咕噜

我没有疯狂喊叫的必要。为了交流，我所需要的仅是一声轻柔的“喵”。不过如果是咕噜声，那就另当别论了。我低沉响亮的咕噜声听起来像是鸽子咕咕叫，这一切都是为了让你知道我和你在一起很开心。咕咕，呃，不是，咕噜咕噜！

喵星球新闻

第6卷第1183期 始于1892年 1991年7月21日星期日 售价：25根猫毛

老人与猫

睡前故事

亲爱的小猫咪，冬天就要降临，一则奇妙的童话故事也随之而来。因此，请躲进被窝，竖起耳朵。听到壁炉里木头的噼啪声了吗？为自己盛一碗热乎乎的牛奶，看看今天的圣诞故事吧。

很久以前，有个名叫欧内斯特·海明威的大胡子作家，他是一个有着低沉声音的高大男人。因为这一点，不少人觉得他是个怪人。

有一天，他在佛罗里达州的一个酒吧里遇见了一位老朋友，船长斯坦利·德克斯特。“你不可能永远当个独行侠，”斯坦利突然说，“你需要一些陪伴。给你！”他补充道，并把自己的镇船之猫白雪送给了海明威。白雪不是只普

通的猫，而是只水手猫，和斯坦利一起在海洋上航行过。白雪的每只爪子生来就有6个脚趾，这样即使有冰冷的海浪拍上船，它也不会在甲板上滑倒。而普通的猫前爪只有5个脚趾，后爪仅有4个。这位作家犹豫了会儿，最终还是接受了这个性格淘气的礼物。

在生活中认识他的人声称，自白雪开始陪伴这个老头写作以来，他就变成了一个全新的人，充满爱意，甚至考虑再添一只猫。他暗自在自己的日记中写道："猫在情感表达上绝对真诚。人类出于种种原因会隐藏自己的情绪，而猫却不会。"

海明威对六趾猫，特别是对缅因猫情有独钟，以至于到后来，他的屋子里不止一处有猫叫声，而是回荡着50多只猫的叫声。他的朋友觉得他可能有点过头了，海明威笑着回道："嗯，你明白的，有了一只就会有另一只。"

挪威森林猫

我是一团可爱的毛球，但不爱窝在沙发上偷懒，而是有机会就去抓老鼠或小鸟。斯堪的纳维亚半岛上的荒野养育出了完美的我。如今，我仍有一些亲戚生活在那里。

智力：🐾🐾🐾🐾
驯化指数：🐾🐾
活跃指数：是只冷静的酷猫（我的外号是“温柔的巨人”）
跑丢可能性：🐾🐾🐾🐾
近人指数：🐾🐾🐾

一位强健又温柔的北方美人

性情

我安静且友好，但一点都不懒惰。我喜欢与其他猫猫狗狗分享我的家，甚至，如果你非得坚持的话，我也能和那些傻乎乎的仓鼠共处，不过这是最坏的情况罢了。别被我健壮的体格吓到，我根本没想过要去挠你或咬你，除非你要扯我的尾巴，明白了吗？不过，我需要有足够的空间来攀爬嬉戏：一个没有猫爬架和猫抓柱的小小公寓听起来一点都不好玩儿。喵！喵！我和你一样，也喜欢小朋友——我们会成为好伙伴的。

外表

和短毛猫不同，我的爪垫间也长有毛（这在雪地里可是相当有用）

三角形的脑袋上长着长长的耳朵

防水的厚毛

蓬松的尾巴

体形不像其他的长毛品种，我很苗条，因为我有着修长的腿和身体

我是如何被培育出来的

我来自斯堪的纳维亚半岛，在那里，我长期生活在宁静的野外——所以我完全适应了漫长的湿冷严冬和干旱酷暑，这就是我的故乡挪威的典型气候。没有人知道我这个品种的具体出现地点和方式。我可能是与波斯猫交配过的野生短毛猫后代，后来被斯堪的纳维亚的水手带到了挪威。我们在农场里捉老鼠捉了很多年。但直到 20 世纪 30 年代，人类才开始专门培育我们。

随季节更换的被毛

你相信吗？不光是人类，我们挪威森林猫也会随季节变化而更换“外套”。冬天，我们会长出带一层厚实底毛的保温被毛，帮助抵御严寒。到了夏天，身上的那层底毛则会变薄，这样我们就不至于出太多汗。你们那微弱的暖气和中央空调根本就无法与之媲美！

各种颜色的挪威森林猫

1. 白色、棕色混杂的斑纹
2. 白色
3. 灰色斑纹
4. 黑色
5. 白色橘色相间
6. 三种花色（底色为白色）

怎么会有人分不清我们呢？

尼伯龙猫*

我的外形像俄罗斯蓝猫。事实上，我就是长毛版本的它。我有一点害羞，也具备警戒心，但如果你赢得了我的青睐，我就会永远爱你。

* 尼伯龙猫（Nebelung）：别名内华达猫，原产地美国，在 1987 年首次被认可，是一种罕见的变种猫。

褴褛猫*

我是一只安静友好的猫，喜欢被人呵护宠爱。比如说，你每周至少要给我梳一次毛。我的血统与布偶猫密不可分。

* 褴褛猫（Ragmuffin）：因为该类长毛猫抱起来有着如同破布条般软绵绵的弹性，故得此名。

西伯利亚猫*

虽然我来自俄罗斯那荒芜的西伯利亚地区，可我非常友善黏人。我很依赖我的人类伙伴。什么？你敢丢下我离开，到隔壁的房间去？

* 西伯利亚猫：也叫西伯利亚森林猫，是一个古老的自然品种。体形巨大，被毛厚实，能够在严酷的环境中生存。

喵星球新闻

第5卷第1172期 始于1892年 1990年8月31日星期五 售价：25根猫毛

杜威·博闻多识邀你前来图书馆

亲爱的书虫们,《喵星球新闻》,以及任何可供阅读平台的粉丝们！我在此邀请你们参观我在艾奥瓦州斯宾塞镇的图书馆。

你可能会想，这个穿着长毛大衣的家伙，这大衣也许是它生活在挪威森林深处的祖先传承给它的，它在这个堆满了奇怪信件的房中干什么呢？关于这个嘛，快来听听我的故事。

当我还是一只8周大的小猫时，在一月里一个寒冷的夜晚，我突然醒过来，发现自己坐在一个空书箱里。我完全不知道这是怎么回事。我喵喵叫着，叫破了本猫咪的喉咙也没人来帮我。直到早上，图书管理员薇姬把我和几本书从箱子里拿出来之前，我始终受着冻。救援终于来了！薇姬有点惊讶地看着我。我胡须上的冰晶开始融化，可我依然浑身发抖。薇姬用一条温暖的毛巾把我包裹起来，带进了图书馆，我一进去马上就缩到了一处暖气片底下。真是安静又温暖啊！我爱那里。可我会被允许永远留在那儿吗？薇姬给我起名叫杜威·博闻多识，这样看来，我的任务很明确，但还需要说服图书馆董事会和镇长才行。做自我介绍时，我有些紧张，于是决心使出一只小猫能用的所有招数——蹭他们的腿，再发出惹人怜的咕噜声。最终，他们握了握我的爪子，还给了我一张优惠券，让我去看兽医时用。从那天起，我就成了一名全职的图书管理员。

我一直在向人们介绍书，直到越来越多的人开始来图书馆！他们开始互相交流。有一阵子，我甚至算得上是名猫作家（薇姬不得不把我的故事转译为人类语言，因为人们读不懂我的爪印）。

这就是我的邀请——快来和我们一起阅读吧！也许我们还能互相认识一下。

雪鞋猫

我可算是各种猫的大杂烩：白色爪子就是遗传自我的暹罗猫祖先。我既在美丽的美国庭院中溜达过，也在古老的泰国寺庙里游荡过。

智力：🐾🐾🐾🐾
驯化指数：🐾🐾🐾
活跃指数：痴迷于玩耍（如果你给我找了些动物伙伴的话，你不在的时候，我也愿意待在家里）
跑丢可能性：🐾🐾
近人指数：🐾🐾🐾🐾🐾

穿白袜的吵闹黏人精

性情

我是一只敏感的猫咪，享受宁静的时光。但你若是给了我足够的爱和安全感，我也能发掘出自己的好奇心和冒险欲。我常需要人类充满爱的怀抱作为我的后盾。我像暹罗猫一样善于交际，只要你愿意听我讲，我就能和你一直聊下去。但与暹罗猫不同的是，我从不大喊大叫——我可是一名谈吐得体的聊天对象。喵，喵喵，喵喵喵！

外表

身材修长，被毛丰厚，具有与暹罗猫相同的体征

我是如何被培育出来的

20世纪60年代，美国培育者多萝西·海因兹–多尔蒂最宠爱的一只暹罗猫意外生下了一窝白色脚爪的小猫（明显像是隔壁那只名叫唐·璜*的猫的爪子）。那时还没人意识到这位新妈妈被载入了史册。多萝西爱上了这些小猫，并开始将暹罗猫与美国短毛猫进行杂交。由此生出的小猫有着白色的小爪子，而身体颜色也与暹罗猫相同，它们被命名为“雪鞋猫”。当然，我也许能用一个更正经的名字，但我不怪你，亲爱的多萝西，我就是这么宽宏大量。

* 唐·璜（Don Juan）：是西班牙历史上一位著名的花花公子，与多位女性交好、暧昧。此处用这个名字暗示邻居家的猫到处与母猫交配。

白色的秘密

虽然我们这个品种已经存在了50多年，但还算是比较罕见的。任何想把我带回家的人都需要先攒下一大笔钱。这是因为我们出生时是全白的，要过几个星期才能发现，新生的小猫中哪些是雪鞋猫，哪些不是。因为我们继承了暹罗猫和美国短毛猫的基因，所以还远无法确定雪鞋猫品种的爸爸和妈妈是否就能生出更多的雪鞋猫。

专属温柔

据说（且有充分的理由），我是天生的好脾气。我能观察出我的主人在为某件事烦恼，并且会不惜一切代价试图逗他们开心。

猫猫带来好运

我不能否认我与暹罗猫的相似性。这就是为什么有些人相信，我的白爪子所到之处皆会带来好运*。我能过来与你分享运气吗？喵！咕噜咕噜……

* 在暹罗猫的故乡泰国，人们相信暹罗猫能带来好运。

各种颜色的雪鞋猫
1. 蓝灰色面具
2. 海豹色面具
3. 淡紫色面具
4. 传统的巧克力色面具
5. 浅而小的巧克力色面具
6. 巧克力色面具，深棕色的被毛
1
2
3
4
5
6

喵星球新闻

第9卷第1419期 🐾 始于1892年 🐾 2011年3月5日星期六 🐾 售价：25根猫毛

达斯蒂，世界上最惹人爱的“小偷”！

被抓了个正着！

一台隐蔽的摄像机拍下了夜间的一连串盗窃，罪魁祸首是加利福尼亚州圣马特奥市一只可爱的雄性雪鞋猫，它的“小偷小摸”为它赢得了“偷窃狂猫达斯蒂”的绰号。要问它的地盘在哪里？就是附近的房子和花园，它从这些地方收集了多达600样东西。至今，达斯蒂拒绝做出任何解释。当被问及犯罪动机时，它的回答很简单：“万一有一天这些东西能派上用场呢？”它的家人琼·朱向我们展示了一份完整的赃物清单。达斯蒂的战利品包括16个洗车手套、7个洗碗海绵、213条洗碗巾、7块抹布、5条毛巾、18双鞋、73双袜子、100双冬手套、1双连指手套、3条围裙、40个球、4件内衣、1只狗项圈、6只橡皮鸭、1张床单、3条保暖腿套、2个飞盘、1顶高尔夫鸭舌帽、1个手术口罩、2个购物袋、1包水球、1件睡衣、8件泳衣，还有很多很多……

“达斯蒂来一趟能拿走11样东西。它乐于夸耀自己的收获。”琼介绍道。这个小捣蛋鬼很幸运，因为被抢劫的邻居们根本无意把它送进监狱。“它是世界上最可爱的小偷，”邻居说，“我们原谅了它犯下的错误，不会打电话告诉警察的。而且在私底下，我们还相信它的目的是帮助我们清理掉花园里那些已经没有地方放的杂物。”

我们的编辑团队偷偷发笑，也有点好奇：达斯蒂下一次要清理谁家的房子呢？

伯曼猫

智力：🐾🐾🐾

驯化指数：🐾🐾🐾

活跃指数：是只酷猫

跑丢可能性：🐾🐾

近人指数：🐾🐾🐾🐾🐾

叮咚！带着自豪与尊贵，我从寺庙里的铜锣边挤过，幸福地消失在一个光头和尚的怀中。哦，也许这不是铜锣，而是你的椅子腿？好吧，好吧，我会宽容地允许你在我的耳后挠痒。

穿白袜的蓝眼僧侣

外表

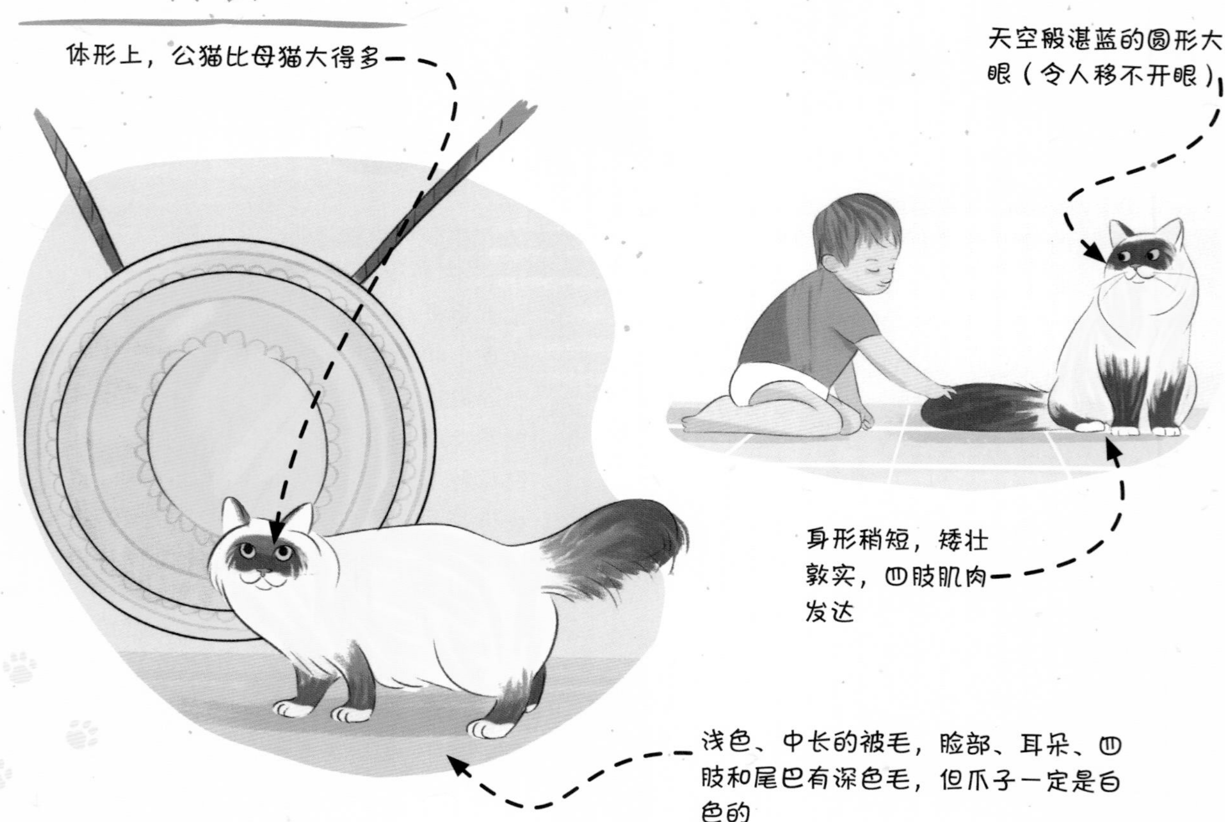
体形上，公猫比母猫大得多
天空般湛蓝的圆形大眼（令人移不开眼）
身形稍短，矮壮敦实，四肢肌肉发达
浅色、中长的被毛，脸部、耳朵、四肢和尾巴有深色毛，但爪子一定是白色的

我是如何被培育出来的

很久以前，我曾生活在缅甸北部的佛教寺庙里，我在那儿就如同一位女神。那些日子真是太快活了！1925 年，我在被引进法国数年之后，首次被认定为一个独立的品种。但是，你知道事情后续是怎么发展的吗？我在欧洲的好日子并不长久。第二次世界大战爆发后，整个欧洲大陆上只剩下我们种族里的两只猫了！是与暹罗猫和波斯猫的交配繁衍拯救了我们。伙计们，感谢你们的帮助！

性情

如果你到现在还认为一只自尊自爱的猫不可能天生好脾气的话，那是因为你还没见过我。我不喜欢吹嘘，毕竟谦虚就是我的代名词。但即使是我，也必须承认，人们因为我的友善而喜欢我。你的陪伴令我觉得十分惬意，但我并不觉得有必要盯着你的一举一动——我是什么，是一条狗吗？切，才不是！喵！

怎么会有人分不清我们呢？

巴厘猫

喵！我是长毛版的暹罗猫。我的名字来源于我优雅的体态，仿佛是传统的巴厘岛舞者。

喜马拉雅猫

对于经常不在家的人而言，我是理想的宠物，因为我可以自我管理哦！哼！

布偶猫

尽管我有个这样的名字，可我却是野外的巨人。没有玩具厂能生产出我这样有着迷人蓝眼睛和丝般毛发的生物！

喵星球新闻

第16卷第1468期 始于1892年 2015年4月14日星期二 售价：25根猫毛

时尚名猫丘比特小姐

名猫的故事

编辑：谁能想到伟大的时尚大师卡尔·拉格斐会爱上一位蓝眼睛的、有着四条腿而非两条腿的美人呢？

丘比特：卡尔说，我的眼睛是大海的颜色（发出满足的咕噜声）。此外，总得有人照看在T台上戴着墨镜走猫步的他吧，以防他摔倒后会伤到那张严厉却令人尊敬的脸，咕噜咕噜……

编辑：我们当然不希望发生那样的事！你能说说你们是如何相识的吗？

亲爱的《今日名猫》的粉丝们！我们本次采访的主角是：时尚设计师卡尔·拉格斐和他的灵感女神——优雅的伯曼猫丘比特！来看看我们的编辑对这两位超级明星的采访吧！

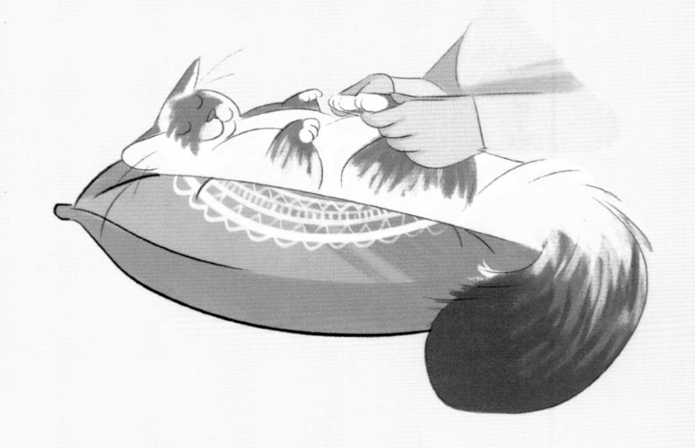

丘比特： 我们的相遇是命中注定。喵呜！我的上一个仆人有一天和卡尔的好友相约度假。他想带我一起去，但我说，像个流浪汉一样游荡在尘土飞扬的路上，会损害到我丰盈的被毛。他听后决定让卡尔照顾我。

拉格斐： 我从未料到我会这么喜欢一个动物（**他那张化了妆的脸意外地泛起红晕——小编按**）。我的朋友一回来，我就告诉他："告诉你一个坏消息，朋友。丘比特现在是我的了！"

编辑：丘比特，与著名设计师一起生活是什么感觉？

丘比特： 一位名副其实的猫小姐可能需要的一切，我都拥有——有两名女仆全天候地照顾我。有时候，我礼貌地喵喵叫提醒她们：我其实可以自己给自己梳毛。可是，转念一想，谁会拒绝专业的帮助呢！每天，有最柔软的刷子给我梳六次毛，给我的肚子和爪子按摩数个小时。我有自己的厨师为我制作精选的美味肉食（**我喜欢吃虾**），还有一名肌肉发达的保镖保护我不被色眯眯的流浪猫欺负。卡尔说，我是他的缪斯，他的灵感女神——他已经画了几百幅服装草图，上面是印有我的脸的T恤衫和运动衫。不论是我迷人的眼睛，还是被精心打理过的毛发，都登上过人类世界和猫咪世界里《时尚杂志》的头版。我也作为主角出演过一段汽车广告。就算是一位猫咪公主，还能奢求什么呢？

土耳其安哥拉猫

我是世上古老的品种之一，天性友爱善良，所以你是不是很容易就相信那些我曾令许多古代暴君都心软过的故事了？

智力：🐾🐾🐾🐾🐾
驯化指数：🐾🐾🐾🐾
活跃指数：像科学家爱因斯坦一样安静
跑丢可能性：我不会考虑要离开一个有爱的家，但我也可能悄咪咪地爬进陌生人的车里
近人指数：🐾🐾🐾🐾🐾

来自奥斯曼国王的高贵礼物

外表

蓬松的长尾巴

楔形的脸

冬季，我有着长而厚的被毛，仿佛镶了边一般；夏季，我的被毛变得短而丝滑，绝大部分是白色

肌肉发达，且身形纤长

性情

我不是不爱运动，但多数时候我更喜欢逻辑性的谜语。你不会恰巧有一个藏得很隐蔽的零食会让我先找到，然后再使劲把它从藏身处弄出来吧？太好玩了！你愿意用逗猫棒或扔球跟我玩吗？太好了！我会爱上你的，会想要一直和你贴贴抱抱。并且除非你让我走，否则我是绝对不会离开你身边的。有些人可能觉得我太难伺候，难打理，可我认为，和我一起生活是一份莫大的荣幸。但别忘记要看好我哟——我很容易相信别人的，包括陌生人。

我是如何被培育出来的

我产自土耳其安哥拉市附近。早在15世纪，我就生活在奥斯曼统治者的宫殿里。此后不久，他们开始把我作为礼物送到欧洲各地。那时的我身形更加丰满一些，这让我在欧洲皇室赢得了粉丝，也使我成为社会精英的宠儿。但不幸来临了！后来，我的地位被波斯猫取代。其实，我能在20世纪上半叶延续下来的唯一原因是，动物园还有我的兄弟姐妹。幸好，自20世纪50年代以来，有许多培育者在培育我。

颜色争议

时至今日，尽管自20世纪70年代以来，国际猫咪组织就承认了黑色、橘色和银色外表的我们，但土耳其人仍然声称真正的安哥拉猫必须是雪白的，也许因为是纯白色的猫咪，包括土耳其安哥拉猫，往往是聋子*（不过我们并不在意）。

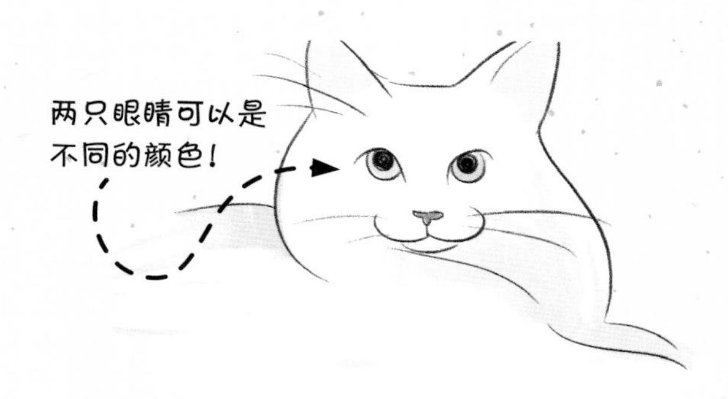

* 蓝眼睛的白色猫咪有很高的概率出现失聪，这是因为控制猫咪毛色的基因还会影响其内耳耳蜗发育和眼睛虹膜的颜色。

各种颜色的
土耳其安哥拉猫
1. 银色
2. 白色橘色相间
3. 白色（传统品种）
4. 肉桂色/深褐色
5. 三种花色（底色为白色）
6. 黑色
1
2
3
4
5
6

喵星球新闻

第12卷第1457期 🐾 始于1892年 🐾 2014年5月28日星期三 🐾 售价：25根猫毛

跟白猫禅师习得平和

猫咪的身心护理

亲爱的猫咪读者，有时候，一些事情是不是总会让你抓狂？

我们的编辑团队必须承认，大家都明白这种恼人的感觉。例如，每当我们没睡好觉，或是下床时伸错了爪子，又或是主人给了我们一碗干巴巴的猫粮，而不是期待已久的鸡肝，再或是尽管我们才洗过澡，把自己整理得干干净净，却感到有几根乱糟糟的毛从头上支棱出来时。

大家好，我是“猫叔”，一只土耳其梵猫*。欢迎你们来跟我学习如何保持内心的平和。

* 土耳其梵猫起源于土耳其的梵湖地区，是由土耳其安哥拉猫突变而来的。通体白色，除了头部、耳部、尾部有小部分黄褐色斑纹，没有其他杂毛。

如果你正因为类似的问题而痛苦，不要绝望，这里有一份图示指南，来自一名经认证的放松休养方面的专家，即日本禅宗大师，一只叫“猫叔”的白猫。

1. 让我们从躺下开始，心怀喜悦之情闭上双眼。让你的思绪像水一般流过，让它们去吧！

2. 现在，我们学习如何用三颗樱桃番茄来保持这种平衡。把其中两颗放在两只爪子上，另一颗放在头顶。我的学生们，你们能把这个姿势保持至少 10 分钟吗？

3. 针对高阶学生：你可以试试在头上搭起一座“辣椒塔”，让这个练习更具挑战性。

4. 最后，别忘记把“在大自然中放松”写入你的养生法里。你也可以借助咒语来集中注意力：“咕噜咕噜……”

就是这样了！你感觉到内心的平静了吗？咕噜咕噜……

俄罗斯蓝猫

我从脏兮兮的码头，一路走入豪华的沙皇殿堂。尽管如此，我从不当什么娇气金贵的大小姐。

智力：一旦我学会了开门，下一步就是钻进你的抽屉，或者和你玩捡球。

驯化指数：🐾🐾🐾

活跃指数：是只酷猫

跑丢可能性：🐾🐾

近人指数：🐾🐾🐾🐾🐾

沉静又迷人的优雅气质

我是如何被培育出来的

大约200年前，我在俄罗斯的阿尔汉格尔斯克港口*结识了一些水手。真冷呀！亲爱的读者，如果不是他们，我可能已经冻死在寒冷的街上了！后来，俄国统治者因为我精致的外貌和优雅的气质喜欢上了我。随后是英国人，到后来，整个欧洲都爱上了我。

* 阿尔汉格尔斯克港口：是俄罗斯西北部的阿尔汉格尔斯克州首府，邻近白海德维纳海湾。

性情

我是个社交达人，也对我的主人非常忠诚，但我也会有一点害羞。我往往会对群体中的某个成员抱有强烈好感，不过也能容忍其他成员。另外，我从不拒绝拥有独处的时间。所以当我的主人不在家时，我也不会感到悲伤。总之，我是一只愿意和你玩耍的酷猫——如果你愿意的话，教教我如何捡球吧！

倒三角形的脑袋，绿宝石般的眼眸

外表

泛着银色光泽的蓝灰色被毛

四肢纤长，步态优雅

同样长的护毛和底毛，形成密实如天鹅绒的被毛

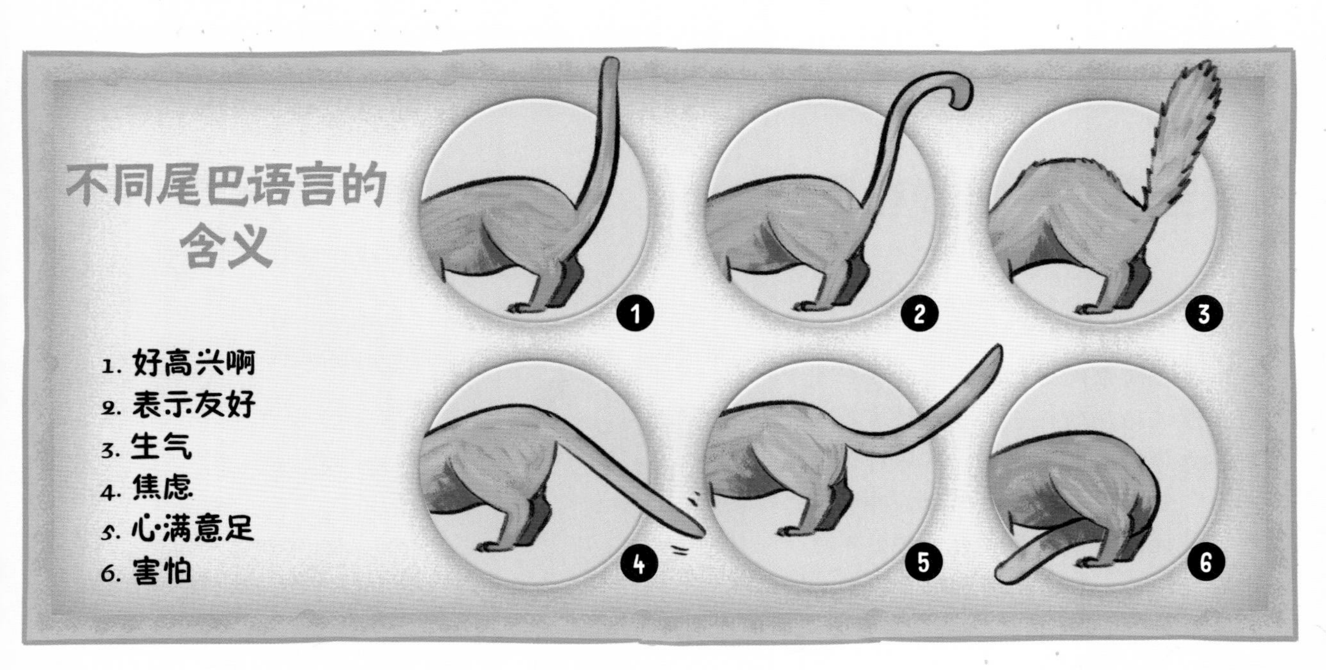

不同尾巴语言的含义
1. 好高兴啊
2. 表示友好
3. 生气
4. 焦虑
5. 心满意足
6. 害怕
1
2
3
4
5
6

瓦斯卡殿下

正如我前面所说，我找到了进入沙皇宫殿的路，不过最重要的是找到了如何走进沙皇心里的路。我的一个亲戚瓦斯卡，就是沙皇尼古拉一世本人的心头之爱。然而，历史总是充满了变数，我故乡的族人几乎在第二次世界大战期间灭绝了，这是怎样的灾难啊！喵呜！幸运的是，我们并没有完全消失。如今，你可以在世界各地找到我们的身影。

过敏体质也可以养的猫（并不绝对）

你知道我很棒的一点是什么吗？我几乎不掉毛。而且，与其他品种的猫相比，我的唾液和被毛只含有少量的危险的致敏蛋白，让有些人一遇到猫就会流泪、打喷嚏、身上发痒。但这并不意味着，所有过敏体质的人都能一时冲动去养一只在家。我可能会携带一些过敏原使你不舒服，但我真的不是故意的！

绿宝石般的眼睛曾是黄色的？！

没有人，甚至连其他猫也不记得，我过去在阿尔汉格尔斯克港的繁忙街道上流浪徘徊的样子。我曾经有着比现在更厚的皮毛。毕竟，有一种说法是人们曾经用我做毛皮大衣，真希望这只是说说而已。而我有名的翡翠色眼睛呢？哦，不，我那时还是用黄色的眼睛看世界的。

喵星球新闻

第4卷第955期 🐾 始于1892年 🐾 1972年7月13日星期二 🐾 售价：25根猫毛

寻找捕鼠能手

加入保护冬宫的队伍！
全职来做有意义的创造性工作！

我们谨代表凯瑟琳女皇陛下，在此挑选300名来自俄罗斯各地的最优秀的捕鼠能手。你是否优雅而有教养？你的爪子是否迅捷而锋利？你会说你生来就是为了抓住这个千载难逢的机会的吗？如果你对这三个问题都回答“是”，那么你就是我们要找的猫咪！

猫咪守卫娜斯佳
是如何形容这份工作的

“我非常荣幸能够守卫女皇陛下本人。这是一份责任重大的工作，让我能发挥自己的一切长处——我的优雅步态、我的警觉，以及捕鼠时的认真仔细。你不可能在我看守的走廊里发现哪怕是老鼠的一个尾巴尖儿。所以，亲爱的猫女士们，我等不及想要你们加入我们的队伍了。我们将一起保持冬宫的干净、闪亮，让那些捣乱的老鼠们远离这里。”

你是俄罗斯蓝猫吗？这里有一个守卫皇宫上下层的独家机会。还有一个额外的好处，如果凯瑟琳女皇陛下亲自把你作为礼物送给一位外国大使的话，你可以在其他国家的皇室工作（如英国）。你若是有兴趣，请在1972年8月13日之前，将你的申请信连同画像和爪印一起邮寄给我们。请不要忘了说明你想在哪个国家工作。

待遇

在美丽的俄罗斯冬宫里从事各种工作；

报酬以卢布或优质猫粮支付，具体协商而定（也可两者结合计薪）；

专属翻译（专门配备沟通人士，以确保人类满足你的所有需求）；

职业发展的可能性。

暹罗猫

我是不是听见你叫我“陛下”了？喵，我亲爱的人类仆从，说吧，你的愿望是什么？

智力：🐾🐾🐾🐾

驯化指数：🐾🐾🐾🐾🐾

活跃指数：喜好陪伴

跑丢可能性：🐾🐾

近人指数：如果不打算认真照顾她的话，谁会给自己找来一位女王呢？

来自东方的蓝眼皇后

外表

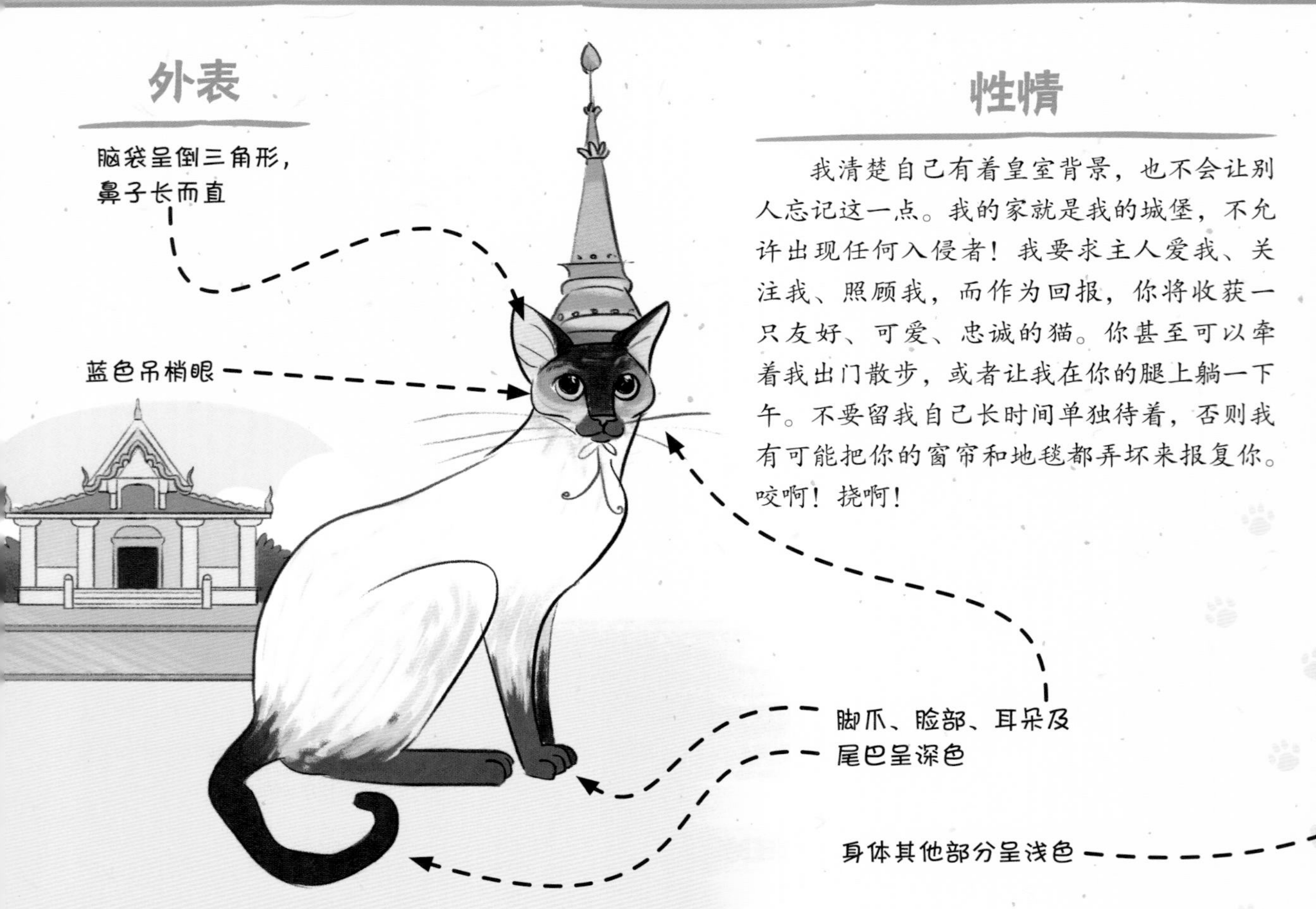

性情

我清楚自己有着皇室背景，也不会让别人忘记这一点。我的家就是我的城堡，不允许出现任何入侵者！我要求主人爱我、关注我、照顾我，而作为回报，你将收获一只友好、可爱、忠诚的猫。你甚至可以牵着我出门散步，或者让我在你的腿上躺一下午。不要留我自己长时间单独待着，否则我有可能把你的窗帘和地毯都弄坏来报复你。咬啊！挠啊！

我是如何被培育出来的

我是一个非常古老而高贵的品种，早在 14 世纪就一直在暹罗（如今的泰国）享受着舒适的宫殿生活，至今已有 600 多年了。关于我在欧洲部分的历史，1871 年，在伦敦举行的首次猫展上，我开始受到大家的关注和赞赏。

珍宝卫士

相传，泰国公主曾把她们的戒指套在我的尾巴上，这就是为什么最初的暹罗猫有一条弯曲的尾巴。据说，我们是寺庙珍宝的忠实守护者。我们如此专注地盯着那些珍宝，以至于都变成“斗鸡眼”了。好吧，虽然目前人类不再推崇我们这种斜视脸了，可在 100 年前，它是暹罗猫的必备特征！

喵声的分贝

我不是只害羞的猫，我会通过大声喵喵叫来表达不悦。如果周围有一只发情的暹罗猫，相信我，整个社区都会听见的。

怎么会有人分不清我们呢？

泰国猫

事实上，我才是原版的暹罗猫——相比于我的现代后裔，我的头更宽一些，前额更扁平，体格也更壮实有力，但我们的性格完全相同。

袖珍玩具猫

我的外表就像一只小奶猫，我友好、可爱又听话。美中不足的是，我没有尾巴*，但我一点也不介意。

* 袖珍玩具猫（Toybob）不是完全没有尾巴，只是它的尾巴特别短，仅长 3 ~ 7 厘米，且骨节有弯曲，故而看起来要比实际长度更短一些。

缅甸猫

我和暹罗猫都来自泰国。凭本猫之尊贵，应得到你的所有关注。比如，我就喜欢和你没完没了地聊天。

东奇尼猫

我是由暹罗猫和缅甸猫杂交产生的。除了人类，玩具也是我的爱。

喵星球新闻

第2卷第145期 始于1892年 1905年1月1日星期日 售价：25根猫毛

暹罗猫米诺是如何让伤心画家重拾笑颜的

人类艺术领域的新星，巴勃罗·毕加索，也曾处于一个相当糟糕的状态。没有人愿意买他那充满悲伤蓝色色调的画作。但幸运的是，他有忠诚的陪伴者，暹罗猫米诺，它扬起了爪子，决定敲打敲打这个可怜的画家。

“起初，我采用的是温和方式——每次毕加索给我展示新画、期盼评价时，我就摇摇头，轻轻发出不高兴的喵声。但这似乎并未奏效，所以我不得不换成更严厉的爱，采取更无情的策略——我开始把他的蓝色颜料罐一个接一个地打翻……每次只要他在看着那明亮欢快如太阳般的黄色油漆时，我便发出意味深长的快乐咕噜声，再舔舔他的脸。但这好像也没有用，我愈发绝望了……”

在接受《今日名猫》的独家采访时，米诺解释了它的主人为何如此哀伤。毕加索终日流泪，是在悼念他的一位好友，这也是他的画作充满忧郁的原因。只是情况越来越糟，直到他俩连食物都负担不起了，也始终无人买下这些画。

“猫遇到这样的情况肯定会焦虑。有一天，毕加索拿着个空碗，对我道歉，说我得到巴黎的街头去流浪了，那样我的生活反而比现在还好过点。我再也忍不了了，拿爪子优雅地蘸上粉色颜料，按在画布正中间，那时他才醒悟过来。”

为了证明他们是患难与共的好朋友，米诺把它在街上抓的老鼠作为零食分享给了这位它最爱的肖像画画家。而且，你敢信吗？画家竟然乐了，他抓起粉色颜料就开始作画。下一秒奇迹发生，毕加索的作品开始卖疯了。喵！

——小编白雪

东方短毛猫

倒三角形的脑袋和竖起的大耳朵让我看起来仿佛是童话里走出的精灵，但我的性格却更像是高贵的王子。

智力：🐾🐾🐾🐾🐾

驯化指数：我喜欢学些花哨的技巧

活跃指数：是个小话痨

跑丢可能性：🐾

近人指数：我爱依偎在你身边，但有时也需要独处

爱上你了的小精灵

外表

脑袋呈倒三角形，鼻梁挺直，突出的大耳朵让我的脸看起来更长了
绿色吊梢眼

性情

和我的表亲暹罗猫一样，我很清楚自己出身名门。我心性高傲，喜怒无常，聪明机灵，且善于交际。你会爱上我、忍不住时刻关注我，而作为回报，我将毫无保留地爱你，不会长时间离开你的身边。我性格活泼，好奇心强，和我在一起，你就不会感到无聊。我想要身边有猫咪做伴，如果你给我找来一只东方猫，那么你便可以等着看我们吵闹地聊个没完没了。

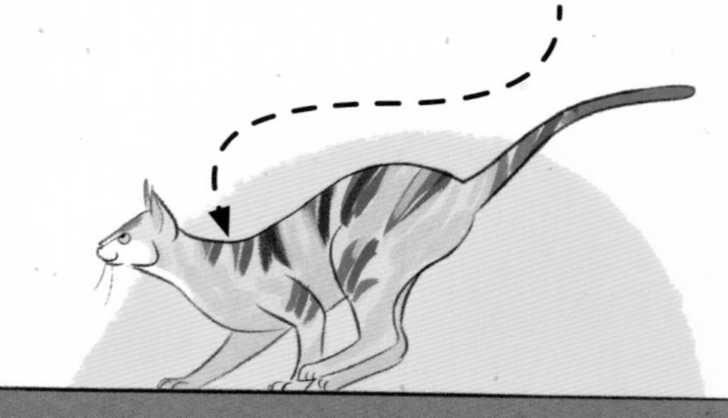

没有底层绒毛的短被毛紧贴体表

与暹罗猫的不同之处

由于我的祖先进化成自家猫品系，我有各种各样的颜色和图案：单色的、大斑块的、小斑点的、大理石花纹的，甚至还有银色的。不同于暹罗猫的蓝色眼睛，我们的眼睛是绿色的。

我是如何被培育出来的

我有着古老而著名的血统。毕竟，我进化自皇室品种暹罗猫。19 世纪，我的祖先离开泰国走向世界，立刻被欧洲人和美国人爱上了，并被安排与家猫杂交。结果可想而知，诞生出了几乎可以迷倒任何人的猫，咕噜！

不同颜色的东方短毛猫

1. 橘色
2. 银色
3. 三种花色（底色为白色）
4. 白色
5. 蓝灰色
6. 黑色

长毛品种的我们

后来，人们又创造出了长毛品种的东方猫。虽然这个品种出自南美洲，但它的官方称呼却是“爪哇猫”，命名自印度尼西亚的爪哇岛，一个它从未待过的地方……哦，我真是不明白你们为什么会想出这些毫无意义的名字，把你们的生活搞得如此艰难。这些“爪哇岛”小可爱们不长底层绒毛（就像我一样），因此它们的毛发紧贴身体，故而看起来比实际的要短。试着观察下东方长毛猫的眼睛，你可能已经遇到过一只长着异色瞳的东方长毛猫，这对于该品种而言并不稀奇。

我们的眼眸中蕴藏着智慧

如果要说某种猫很聪明，那一定是在说我们东方猫。没想表现得太自以为是，但我们可能是所有猫里最聪明的品种。你问 2×2 是多少？喵，是 4。当然，任何一只小猫都知道我来自哪里。我们的智慧是如何体现的？必定是通过玩耍！我们喜欢嬉闹，发明出新的花样动作，你不会相信我们的好奇心有多强。这就是为什么我们喜欢探索世界。如果只是像其他猫一样躺在床上睡大觉，又怎能做到这一点呢？不是要说它们的坏话，可这就是事实。喵！现在让我自己待一会儿，我想破解一下相对论。

怎么会有人分不清我们呢？

拉斯猫

我来自印度尼西亚的拉斯岛。我的体形比家猫大，有一条局部弯折的尾巴*。

* 局部弯折的尾巴：这种猫的尾巴不是长而直的，部分地方的骨头天生有弯曲，看着像骨折了一般。人们称这种尾巴为“麒麟尾”。

喵星球新闻

第8卷第1408期 始于1892年 2010年4月19日星期四 售价：25根猫毛

斯塔彻，一只长着八字胡的名猫

各位猫咪爱好者们！让我们向您介绍这只名猫中的名猫——斯塔彻，一颗冉冉升起的明星。这只四肢修长的小胡子猫来自新泽西州，出生于11月，正是小胡子之月*！我们的编辑部排了很长时间的队，才有机会采访这只著名的东方猫。呼！但这很值得，因为你现在可以阅读小编明卡对他的采访了。

从左至右依次为：泰迪，斯塔彻，德克斯特，宾迪

明卡：你在哪儿弄的这么独特的小胡子？这是文身吗？

斯塔彻：当然不是。我向你保证，我的小胡子是真胡子，而且是天生的。喵！我可是生来就有的。可在我还是一只小猫咪的时候，别人却因此嘲笑我。

明卡：那你一定很难受吧，甚至有传言说没人愿意收养你，因为他们认为你太丑了……

斯塔彻：唉，你说的没错。但幸运的是，有一天，克里斯蒂娜·冈萨雷斯发现了我，她很喜欢我的样子，说我聪明机敏，而且时髦（小编按：斯塔彻向我们别有意味地眨了眨眼）。街上的人都把我误认为是著名歌手弗雷迪·墨丘利，喜剧演员查理·卓别林，或侦探赫尔克里·波洛。你能想象吗？还有一次，他们甚至把我认作阿斯泰利克斯**。

明卡：绝对有相似之处！毕竟，如果能看胡子辨人，怎么不能看胡子认猫呢？我听说你和另外三只时尚潮猫住在一起，这是真的吗？

斯塔彻：嗯，是的。我有一副黑色的小胡子，我的朋友泰迪有一对大耳朵，德克斯特看起来有点像蝙蝠，而宾迪的额头中间则有一个白点。虽然尊贵是我们在公众场合的代号，但我们私下里可是相当疯狂的！喵！

* 小胡子之月，即每年11月作为公益活动月，倡导人们用蓄胡子的方式关注男性健康，并为男性癌症等疾病筹集善款。如今，全球每年都有上百万人加入此活动，募捐金额超过千万美元。

** 阿斯泰利克斯：是法国家喻户晓的漫画《阿斯泰利克斯历险记》（又译《高卢英雄传》）里的主人公。他同前面提到的三个人物一样，长着八字胡。

斯塔彻在好莱坞留下的爪印

埃及猫

我的真实身世仍然是个谜。我个人相信埃及的猫法老是我的祖先，我指的是那些真正统治古埃及的猫。此外，现代的许多研究者认为我是世界上最古老的猫种之一。因为单看埃及金字塔内关于我的记录，就已经是3000年前的故事了。

智力：🐾🐾🐾🐾
驯化指数：🐾🐾🐾🐾🐾
活跃指数：精力充沛，像个火球
跑丢可能性：🐾
近人指数：不常黏人

有着醋栗*般绿眼眸的神秘美人

* 醋栗，又叫刺李，原产于欧洲，在中国较为少见。常见品种为绿色，有着透明的花纹，外表宛如去了皮的葡萄。此处指埃及猫有着绿色的眼睛。

当有人看我时：别担心，我在沙发上什么都没干

当没人看我时：这坐垫底下到底有什么东西

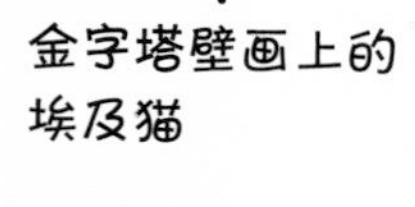

金字塔壁画上的埃及猫

外表

不会放过你一举一动的警觉眼睛（颜色：醋栗绿；形状：杏仁形）

性情

如果你想和我一起生活，你要习惯于我是做决定的那个人。作为回报，我将誓死捍卫你，我的人类。我会坐在你的身边守护你，证明我对你的爱。如果我想要爱抚，便会温和坚定地向你发出请求。你知道吗？我是所有猫里面跑得最快的，速度可达每小时50千米。

各种颜色的埃及猫

1. 黑色
2. 银色
3. 古铜色

喵星球新闻

第1卷第1期 · 始于1892年 · 1892年12月24日星期六 · 售价：25根猫毛

埃及的猫公主：塔缪

考古学家在一座2500年前的埃及古墓中发现了几十只猫咪木乃伊，而这并非他们唯一的惊人发现——这些可爱的皇家粮食守护者甚至还拥有自己的石棺。

如你所知，古埃及人相当重视猫，甚至到了崇拜的地步。这种崇拜的表现之一就是，为自家宠物提供与自己相同的死后护理——他们把猫咪做成小木乃伊，放在小石棺里，最后还在它们的爪子上放一只老鼠，以防小猫在去往来生的路上饿肚子。

曾经有这样一只猫，名叫塔缪，是王储图特摩斯的宠物。他十分宠爱这位小公主，毕竟，它不仅会抓皇室粮仓里的老鼠，还几次杀死了敌人安插在他房内的毒蛇、毒蝎，从而救了他的性命。后来塔缪悄然离世，而图特摩斯遵循埃及的既定传统，剃掉眉毛以示悲痛。

我们将永远记住它给图特摩斯开的可爱玩笑：

“说实话，我还不确定到底是你，还是我，会成为法老王呢……”

阿比西尼亚猫

智力：如果按照“顽皮的猫都聪明”的说法，那么我就是猫界天才
驯化指数：🐾🐾🐾🐾
活跃指数：运动员
跑丢可能性：🐾🐾🐾
近人指数：🐾🐾🐾🐾🐾

你是否在寻找一只真真正正的猫？一只孜孜不倦攀爬房顶，清楚地知道自己的重要性，但也总是张开怀抱热烈欢迎你回家的猫？很高兴告诉你，你找到它了。

上帝的孩子

外表

杏仁眼，瞳色可为黄色、绿色或褐色

沙褐色的被毛其实是由三种颜色的毛构成：白色、棕色和米色（和野兔类似，但它们的毛可比不过我的）

耳朵大，耳距远

体格精瘦，四肢细长

性情

我顽皮敏捷，精力充沛。我的野性基于强大的自信和永不止步的好奇心，所以我很擅长社交，也备受大家尊敬。别忘了给我留些在你家攀爬的机会，否则我就会用你的家具和窗帘取乐。我清楚你们人类的性格，我打赌你不会喜欢这样的，对不对？

我是如何被培育出来的

相传，我曾经生活在埃及法老的宫廷中。不管这种说法是真是假，自古以来，我一直在为埃塞俄比亚的爱猫人士提供欢乐。

19 世纪，英国士兵把我从埃塞俄比亚带到了英国，在那里我相当受欢迎，进而赢得了全世界人民的喜爱。

各种颜色的阿比西尼亚猫

1. 栗红色
2. 浅褐色
3. 巧克力色

怎么会有人分不清我们呢？

新加坡猫 ➸

在新加坡，我总是流浪在街头。有时，我甚至以下水道为家。但是在20世纪70年代来到美国之后，我就成了家庭里的宠儿。

⇽ 非洲狮子猫

我是丛林猫和家猫杂交而来的。我的野生祖先遗传给我热爱飞奔和跳远的基因。跳！

索马里猫 ➸

我是阿比西尼亚猫的长毛后代，培育者将我从种群中分离出来，专门作为家庭宠物出售。

喵星球新闻

第8卷第1408期 始于1892年 2010年4月29日星期四 售价：25根猫毛

谜团：意外之喜

夏洛克·穆尔斯历险记

各位好奇的猫先生、猫女士们，当然还有我们的人类读者和看护人！今天，我给大家讲个谜语来锻炼下大脑。毕竟，我们猫不仅关心你们是否舒服，还希望你们能够不断学习、提升自己！那现在你有没有认真起来？我看到你的脑袋都要冒烟了！

很久很久以前，有位女士照顾着一些美丽且稀有的阿比西尼亚猫。有一天，“我想去买点东西，”她告诉我，“袋装金枪鱼搞特价，我的小猫们超爱吃这个。”我认真地听着她的故事。“那是一个炎热的夏天，我把面朝花园的窗户打开，让猫咪们呼吸一些新鲜空气。”挺有意思，我这样想着，并眯起眼睛，陷入了沉思。“当我到家时，有三只猫表现得很奇怪。”女士摇摇头回忆道，“于是我开始悄悄观察。每天早上，它们都很不安分。到了下午，它们总是躺在几条团成团的毯子中间，尽管以前它们习惯换着地方躺。虽然猫咪们吃得和以前一样多，可它们长得越来越大……”

那么，亲爱的读者，你们能和我一样聪明，解开这个可爱的小谜团吗？阿比西尼亚的公主们是怎么了？答案是什么呢？其实，就在门刚从女主人身后“砰”地关上后，一只流浪猫就从窗户溜了进去。从那时起，三只阿比西尼亚猫怀上了小猫，因此有了那些晨吐和搭窝的情况。

这就是阿比西尼亚杂交小猫的样子。真漂亮，是不是？

孟加拉豹猫

智力：

驯化指数：我只做我想做的事——你绝对拿我没办法的，人类

活跃指数：是名猎手

跑丢可能性：

近人指数：

虽然我可能看起来像一只野兽，但我很乐意当你的犯罪同伙。就让我来做所有的决定和规则吧，好吗？来跟我玩接球游戏吧！

适应能力很强的傻大胆儿

外表

身形健壮结实，胸肌宽厚发达（我可重达 10 千克）
尾巴末端多为黑色
闪闪发光的华丽被毛，长着辨识度极高的豹纹
头部比例较小，有着绿色或黄色的杏仁眼

性情

躲起来！快跑！哎嘿，我抓住你了！你说，你是不是跟不上我的步伐？那就奇怪了，我可有的是精力！我喜欢攀爬、飞奔，捕捉任何会动的东西。我不是一只徒有华丽外表的猫，相反，我充满好奇心，学东西很快，还勇于冒险。我的野生亲戚们每天都在探索丛林，但你不必把我带到野外去，用不着这样。如果想获得我的感激，只需给我拴上牵引绳，带我去散步，比如有水的地方。与大多数猫不同，我喜欢水。啪，这就溅一个水花给你看！

我是如何被培育出来的

当我告诉你我是科学实验创造出的产物时，我可没有夸大其词，真的！我的祖母是一只非常健康的野生孟加拉豹猫，它甚至从未得过猫科动物常见的白血病*，这就是为什么科学家们想把它和家猫交配，以增强人类毛茸宠物——两者共同后代的健康。过了很久才培育出可被驯化的家养小猫，总算是达到目的了，但我们防患猫白血病的独特基因至今仍令科学家着迷。

* 猫白血病：不同于人类白血病并非传染病，猫白血病可通过日常接触经唾液传播，这种传播途径导致该病感染率非常高。

会狗叫的猫

你是不是从来没听过我喵喵叫？那大概是因为我并不会，但我会像哈士奇一样汪汪叫。嗯，因为我有着捕食者的基因。再说了，难道你听过老虎喵喵叫吗？

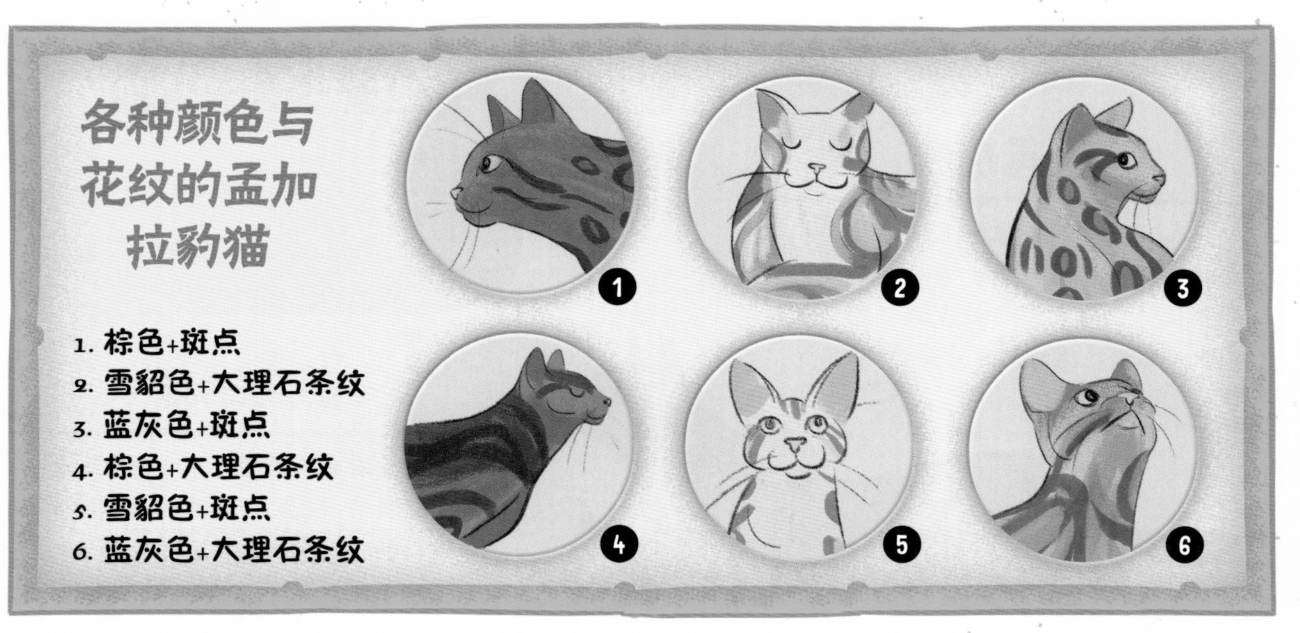

各种颜色与花纹的孟加拉豹猫
1. 棕色+斑点
2. 雪貂色+大理石条纹
3. 蓝灰色+斑点
4. 棕色+大理石条纹
5. 雪貂色+斑点
6. 蓝灰色+大理石条纹
1
2
3
4
5
6

怎么会有人分不清我们呢？

肯尼亚猫

我来自非洲的肯尼亚。以前我生活在野外，如今我依旧是一名奔跑好手。你要是惹我不高兴的话，我的爪子可随时在这儿候着你呢！

奥西猫

虽然我看着像豹猫，但你不会在我的祖先中找到一丝野生掠食者的痕迹。这是因为我是阿比西尼亚猫与暹罗猫的杂交后代。但我仍然具有相当的异国情调，你觉得呢？

萨凡纳猫

看看我长长的耳朵和巨大的体形！我的祖先之一是非洲真正的食肉动物——薮猫。

玩具虎猫

我可能看起来像一只小老虎，但不要担心。与老虎不同，我始终是一只可爱俏皮的、喜欢被你抱在怀里睡觉的小猫咪。贴贴抱抱就是我的最爱！

喵星球新闻

第3卷第869期 🐾 始于1892年 🐾 1965年5月25日星期二 🐾 售价：25根猫毛

引发餐厅动乱的豹猫巴布

时间：1965 年
地点：纽约市曼哈顿区的某家餐厅

众所周知，巴布是一只豹猫，与他一起生活的是一位不太知名的画家萨尔瓦多·达利。昨天为巴布举行的聚餐并没有按计划进行。“事情一开始很顺利，”巴布挠着下巴回忆道，“萨利，这是我给他取的昵称，他想把我介绍给他的朋友们。就在他们点菜时，我感觉一切都会顺利进行。可当我们走近，听到他们点了加馅儿烤火鸡和栗子炒小圆白菜，另配美味酱汁。喵呜呜！”（**这是伤心的哀号——小编按**）那么到底发生了什么？“一位女士看到我，害怕到开始尖叫。她甚至爬上了椅子……”（**巴布耸了耸它肌肉发达的肩膀，表示不解——小编按**）。“好像以为我是一只老鼠！真是侮辱我！”（**巴布嘲笑着，似乎很厌恶，然而他那幽怨的眼睛里满含泪水——小编按**）后面发生了什么呢？“我的朋友没让我失望，达利大声喊：‘你反应这么大干什么？它不过是一只普通的家猫！’虽然我觉得这种措辞有些冒犯，但我还是因为达利的好意原谅了他。他继续说：‘我画上这些斑点是为了让他更漂亮！’”（**巴布捂住脸，哭笑不得——小编按**）“即使他愿意，估计也想不出更蹩脚的解释了……”

据说巴布是由哥伦比亚总统亲自赠给达利的，习惯了陪它的外国画家到任何地方（应该不包括厕所），以及陪达利在一艘著名的远洋邮轮上定期旅行。很明显，巴布对整个事件非常不满。他想对这位受惊的女士和其他人说：“不要害怕猫。如果你不故意吓唬我们，而是喂我们吃的，善待我们，我们肯定不会抓你、咬你的！”

孟买猫

智力：
驯化指数：
活跃度：喜欢陪伴（在跑去玩之前，我喜欢躺在你大腿上晒会儿太阳）
跑丢可能性：
近人指数：

草地沙沙，树枝嚓嚓，两只金色的眼睛在黑暗中闪烁……跳啊，蹦啊，抓啊，挠啊！别担心，这不是豹子——是我！神秘的孟买猫！

黑丝绒珠宝

外表

肌肉发达，体态优雅，宛如一头猎豹

铜色或金色眼睛

黑色鼻子和脚爪

黑丝绒般的被毛

性情

事实上，你无须担心会带一只野兽回家。虽然我很活跃，喜欢嬉闹玩耍，但总的来说，我是一只脾气温和、善于交际的猫咪。无论是大人、小孩还是动物，我都喜欢，甚至还想要他们全天候地关注我。你很幸运，我的被毛只需要非常简单的梳理——每日多多爱抚！

我是如何被培育出来的

20 世纪 50 年代，世界上第一只孟买猫在美国肯塔基州睁开了双眼。我是普通的美国短毛猫和罕见且优雅的博美拉猫*的孩子。虽然第一次尝试并不十分成功，外表是没能像大型掠食者的黑色小猫，但最终还是产出了不错的结果。20 世纪 70 年代，我甚至首次参加了一场猫展。

* 博美拉猫（Burmilla），又叫波米拉猫，原产地英国，是缅甸猫和金吉拉长毛猫杂交的后代。

毛克利的老师和朋友

谁会不知道毛克利*这个在印度丛林中长大的快乐勇敢的男孩呢？黑豹巴希拉在他还是婴儿的时候救了他，一生都在他身边给予指导和帮助。正是这位英雄启发了尼基·霍纳，我们的人类“前辈”（或称我们这个品种的创造者）。因此，如果你以为我与黑豹的相似之处只是一个巧合，那你还得再动动脑子啊！

* 毛克利（Mowgli），又译莫格里，是英国作家拉迪亚特·吉卜林（Rudyard Kipling）所著《丛林故事》一书的主角。书中的他是一位被人类遗弃后，被狼抚养，在森林中长大的印度男孩。

一只猫的四步跳跃

1. 自然行走
2. 准备起跳
3. 在空中飞一会儿
4. 优雅着陆（前爪先着地）

独特的稀有性

现在，你肯定在考虑把我带回家，但是等等！我们可是非常、非常、非常稀有的。每年，全世界只有几十只孟买猫出生，所以只有那些真正能把我们照顾好的人才可以拥有我们。

咕噜咕噜咕噜！

与其他猫不同，你不会经常听到我叫，但这并不意味着我不喜欢和你说话。恰恰相反！如果你让我快乐，我就能满足地打一整天呼噜。

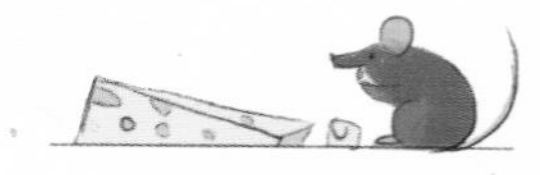

喵星球新闻

第13卷第1460期 🐾 始于1892年 🐾 2014年8月17日星期日 🐾 售价：25根猫毛

猫咪的咕噜声——猫咪疗愈师眼中的灵丹妙药

在某些文化中，黑猫预示着凶兆。但是今天，亲爱的猫咪们，我们为大家带来了对两位黑猫先生的采访，他们想要反驳这个恶毒的谣传。

你们接受了特殊训练，成为猫咪疗愈师。那你们平日的生活是什么样子的？

闪闪（来自密苏里州，孟买公猫）：喵，我刚刚从一个满是孩子的教室里回来。这些孩子的英语成绩很差，他们正在背莎士比亚的作品，背得不是很好。我得说一句，他们太害羞了。这也难怪！因为老师一直在训斥和纠正他们。不过，我可是有备而来的，咕噜，我穿着我最好的衣服——脖子上戴着浆洗过的项圈，口里叼着羽毛笔。孩子们一看到我，害怕和害羞都消失得一干二净。后来他们再背诵时，我就卧在他们的腿上小声咕噜着，而他们镇定极了，这简直像是魔法。

德雷文（来自宾夕法尼亚州，品种不明）：我昨天坐着婴儿车在医院里转了一圈。我跳到一位老奶奶的床上，帮她锻炼手部肌肉。她用拐杖拦截电车时弄断了手，手指戴了一个月的石膏，当时几乎完全失去触觉了。但是当她抚摸我的脊背和肚子时，咕噜咕噜，她的手指又恢复感觉了。我相信，她很快就会恢复如初的。

猫咪疗愈师必须具备什么品质呢？

闪闪：必须喜欢人类，对他们要友好。

德雷文：喵，说得对！另外，无论走到哪里，都要传播宁静和猫咪的爱意。咕噜……

加拿大无毛猫

智力：🐾🐾🐾🐾🐾
驯化指数：🐾🐾🐾🐾
活跃指数：爱管闲事
跑丢可能性：🐾
近人指数：🐾🐾🐾🐾🐾

什么？你说我忘记穿外套了？喵哈哈哈，别开玩笑了。我可没忘记穿外套，也不是刚从一个疯了的理发师那里回来。我天生就是无毛猫。

因祸得福

外表

体表覆盖着柔软的细小毛发，触感极佳，几乎隐形，但这可算不上是一层真正的被毛
肌肉发达，身形瘦长
颧骨突出，前额隆起，耳朵巨大，眼窝深邃
我看起来皮肤过多，所以我也有不少皱纹

性情

许多人被我的奇特外表劝退，他们不会知道自己错过了什么！你难以相信我有多黏人，我爱我的家人，也很依赖他们。我喜欢玩耍，喜欢与你时不时地聊天，只是遗憾你听不懂，但和我在一起时，你永远不会感到无聊。我的好奇心很强，会扒拉你的购物袋、衣柜，以及你忘在家中角落和缝隙里的一切东西。所以别忘记整理！哦，我喜欢吃东西，因为我需要很多能量来保持体温，毕竟我没有毛。食物是什么？食物就是能量！顺便问一下，你不会刚好为我准备了零食吧？

我是如何被培育出来的

你可能一直都不知道，无毛猫自古便存在。例如，古代的阿兹特克人就把我们称为“神的礼物”。但直到20世纪60年代，才有一对从事繁育工作的加拿大夫妇试图将我们打造成一个真正的品种，因为他们家的伊丽莎白——一只黑白相间的普通猫咪生下了一只叫作乌梅的无毛黑色公猫。作为现代无毛猫，我们不仅继承了爷爷的基因，还继承了许多其他来自美国、加拿大的无毛猫的基因。在俄罗斯，还自然而然形成了顿斯科伊无毛猫这个类似我们表亲的品种。

特别的皮肤需要特别的照顾

和人类一样，我们也需要在夏天使用防晒霜，在冬天穿上漂亮外套。每周还需要洗个澡，以清除无法排掉的汗水和皮脂。作为奖励呢，你可以长时间地抚摸我，享受我皮肤的温暖（我的体温比普通的猫要高上一点）。

不同颜色的
加拿大无毛猫
1. 巧克力色
2. 蓝白相间
3. 浅褐色夹杂巧克力色
4. 浅褐色
5. 白色
6. 深浅褐色相间

落叶猫

虽然有一些无毛猫是天生没有毛，但还有一些无毛猫则要等到慢慢掉完毛后，才能看出它们与有毛猫的差别。你是不是震惊得瞪大了眼睛呢？

怎么会有人分不清我们呢？

顿斯科伊无毛猫

我来自顿河畔罗斯托夫。和我的加拿大表亲一样，我可爱聪明，喜欢你在有暖气的公寓里向我张开爱的怀抱。

彼得无毛猫

我是顿斯科伊无毛猫和异国猫的杂交品种，出生在俄罗斯圣彼得堡，直到两三岁时我才开始脱毛。

乌克兰勒夫科伊猫

我的奇特之处不仅在于没有毛，还在于我的耳朵是向前折叠的，脑袋呈五边形，看起来像狗。如果你认为这就够了，那来听听这个吧——我喜欢有人牵着我溜达！

喵星球新闻

第11卷第1450期 🐾 始于1892年 🐾 2013年10月20日星期日 🐾 售价：25根猫毛

150岁的猫爷爷：他的长寿秘诀是什么？

爷爷是一只不起眼的无毛猫，有150岁高龄了，不过你永远也猜不到他的年龄。但如果你眯起眼认真观察，还是能看到他有一些细小的皱纹，这是他与生俱来的，就像其他无毛猫一样。

爷爷的真实出生日期一直对人类和猫界保密。现在我们才知道，他是1964年2月1日于巴黎出生的。5岁时，他意外地跑到了繁忙的大街上，到处躲避车辆。他被一个名叫杰克·佩里的水管工，同时也是爱猫人士所救。“这只猫真不一般！肯定有人在找他。”杰克这样想，于是在全城贴了告示。当这些告示都快要消失在街头时，原主人才终于打来电话。她看到猫爷爷与他的新主人相处得如此融洽，便允许他留了下来。

“有一天，杰克给我报名参加了一个猫展。我当时大约20岁，还是赢了。我的对手不高兴地喵喵叫。我甚至听到有猫小声嘀咕：‘真是个老古董！’我咬了咬牙，没有让他扰乱我的心情。杰克送了我一个生日礼物，是一块香草蛋糕，上面放着金枪鱼，还涂有西蓝花糖衣。”

那么是什么帮助你实现了长寿呢？“必定是健康的饮食，”猫爷爷虔诚地点头说道，“我每天早上吃一个打好的鸡蛋、美味的培根、西蓝花，还有芦笋。最后就着大口大口的黑咖啡咽下这一切。”你没有看错，亲爱的读者——咖啡！显然，爷爷的食谱已经具体到了最后一个细节。虽然这种食谱的健康程度尚存争议，但无论如何，爷爷享受到了第34个生日，这在猫的生命里相当于人类的150岁！这让他进入了吉尼斯世界纪录，成为世界上年纪最大的猫先生。

猫咪年龄 & 人类年龄换算表

1岁 = 15岁
2岁 = 24岁
3岁 = 28岁
5岁 = 36岁
10岁 = 56岁
20岁 = 96岁

狼猫

智力：🐾🐾🐾
驯化指数：🐾🐾🐾🐾
活跃指数：像条狗，是人类的好朋友
跑丢可能性：🐾
近人指数：🐾🐾🐾🐾🐾

乍一看，我像只可爱的猫咪，但在满月时我就会变成嗜血的野兽，对着月亮嚎叫，寻找咬人的机会……喵，等等，你不相信我？你怎么敢……好吧，你不相信是对的。事实上，我和狼人的联系就像我和水族馆的鱼一样“近”。

狼人版小猫

外表

别害怕我！尽管我的毛生长得乱七八糟，局部还有些秃斑，但我不会变成狼。我有着明黄色的敏锐眼睛，精瘦敏捷的身体，超级蓬松的长尾巴

也许我的被毛看起来粗糙扎手，可事实上像丝缎一样超级好摸

虽然我长得凶巴巴，看上去一点儿也不可爱，但事实却正相反

我们通常是黑色的（大概是因为培育者希望把我们打造得尽可能像小狼吧）

性情

当你不再害羞，也不再害怕我时，你会发现，我是你能想象到的最忠诚可爱的朋友。当然，我在讨要你的关注和爱护时，可能会有些吵闹，但没人理我的话，我确实会和狗狗一样觉得痛苦。无论是孩子、大人、狗，还是猫——我可以和任何人交朋友。最重要的是我需要伙伴，帮助我度过那可怕的孤独时刻！喵！

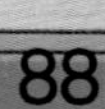

是狼猫还是狼

虽然我是一个非常新的品种，但我有一个古老的名字。我的英文名字 Lykoi 在古希腊语中是“狼”的意思。因此，我可以自信地宣称，我体内隐藏着一匹狼，嗷呜！

一点点阳光就够了

人们羡慕死我的晒黑技能了！如果我想拥有黑色的皮肤，我只需要好好享受几天阳光。如果我很长一段时间没有接触高温和紫外线（比如冬天时），我的皮肤就会恢复成可爱的粉红色。

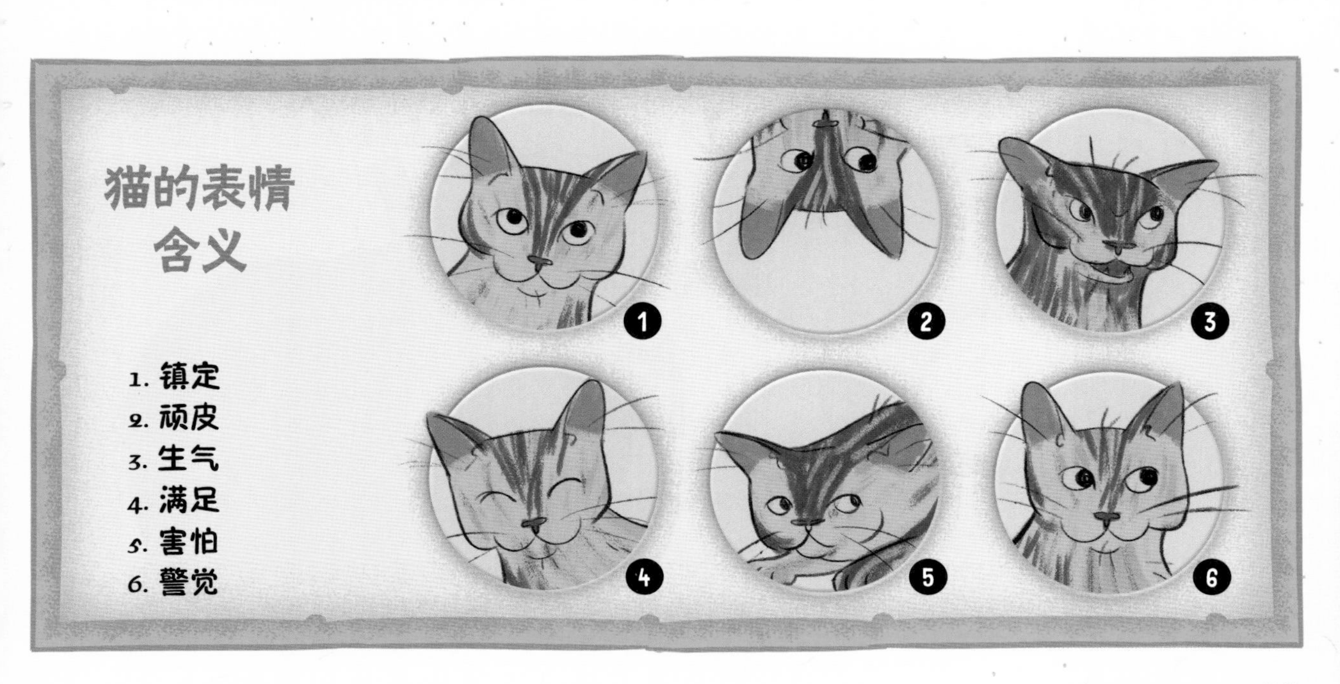

我是如何被培育出来的

如果你期望读到我有一段漫长、与众不同的家族史，那么你要失望了。2010 年，来自田纳西州的戈贝尔夫妇发现了一只奇特的小流浪猫，它的毛这儿秃一块，那儿少一块。他们认为这或许是因为某种皮肤病，于是请医生为它做检查。令人惊讶的是，这只小猫竟然健康得不得了！它甚至与已知的任何无毛品种都没有联系，只是普通的家猫，不过携带有异常的基因突变。后来，戈贝尔一家还发现了其他几只拥有相同变异基因的猫，并设法把它们杂交。因此，我们这个品种，是以一种完全自然的方式产生，进而被人类稳定下来并繁衍壮大的。

日新月异的模样

你家里养了狼猫吗？你有没有注意到，如果仔细观察，它看起来与以前有些不同了？

恭喜你有双敏锐的眼睛！这是因为我有两种皮肤细胞，一种不能长出毛发，所以我会有秃斑，而另一种可以长出非永久性的毛发。也就是说，我身上秃的地方会不断地变化。你现在终于觉得有点吓人了吗？嘶！

喵星球新闻

第22卷第1510期 始于1892年 2018年10月31日星期三 售价：25根猫毛

文森特讲述自己进化为狼猫的过程

如果秋天不读点惊悚诡谲的故事，那该多没意思啊！今天，我们就带来了这样一则故事。来认识下文森特，一只来自狼猫家族的公猫。各位《喵星球新闻》的读者，下面将由我们的编辑明卡为您进行这段悬念重重的采访。

明卡：文森特，欢迎欢迎，喵！请问你是什么时候意识到自己会长成为一只狼猫的呢？小时候吗？

文森特：喵，你好你好！我小时候还意识不到呢，绝对不是那时候。说实话，我和我的兄弟姐妹都在街头长大，是稀松平常的流浪猫。而我在大概4个月大时，渐渐注意到一些不同之处——我是深色的被毛，背上有几处雪白的斑点，更不一样的是，我的爪子和尾巴长得像老鼠那类啮齿动物。

明卡：你有没有担心过自己其实本质上是只老鼠？

文森特：我倒是不担心这个，只不过有些人看到我就被吓坏了……我想起来我的第一位兽医，他一声尖叫着喊救命："这有个负、负、负鼠啊！"他扔下装我的猫箱，试图逃开。还好有护士阻止了他，不然他还在办公室里绕圈飞奔呢。

明卡：看来这个兽医水平不怎么样啊，哈哈，咕噜……

文森特：他想把我送进啮齿动物科室，但我坚守阵地不走，喵！后来，我的毛变得越来越薄，这意味着第一次脱毛期来了。突然间，我的耳朵、肩膀和肚子上有几块地方都秃了。慢慢地，我又长出了新的毛发，比以前的毛更轻、更长。

明卡：哇哦！你觉得这种情况还会发生吗？

文森特：那还用说吗？肯定的！狼猫一生中要掉好几次毛。每次长出来的新毛都可能是不同的颜色、长短或粗细。我总是很期待自己的新造型！

明卡：你可不就是自己的理发师嘛！感谢接受采访，希望你这只狼猫能在万圣节吓到不少猫咪和人类。哈哈，咕噜咕噜！

柯尼斯卷毛猫

我是一只美丽自信又大方的罕见尤物，有着天鹅绒般的柔软被毛。我喜欢被你摸摸，但你要知道，我其实更喜欢和你一块儿玩。走哇，去蹦跶，去捡球！

智力：

驯化指数：

活跃指数：永远是只小奶猫

跑丢可能性：

近人指数：

（你有养过一只去厕所都要跟着你的猫吗？）

如果灵缇* 变成了一只猫

* 灵缇（Greyhound）：又称“格雷伊猎犬”，一种身形细长、腿长、毛滑、善跑的大型赛犬。

外表

对称的小卷毛形成了宛如毯子般柔软厚实的被毛，背部的毛略微粗糙

大而窄的脑袋上立着蝙蝠似的耳朵

连我的胡须都是卷的

我的尾巴末端有个明显的尖

身形像灵缇一般修长优雅

性情

我是猫界的派对之王！别担心，我不会咬你派对上的装饰，但你要知道，我友好，善于社交，性格外向。无论是在野外做游戏，还是跳跃、追逐，又或是捡球、打滚，我都喜欢。而且我不害羞，喜欢成为关注的焦点，尤其是来自你的关注。如果我认为自己需要拥抱了，我就会来讨要属于我的那份爱哦！咕噜咕噜……

怎么会有人分不清我们呢？

塞尔凯克卷毛猫

我出生在美国蒙大拿州，那里的一个人把我从收容所里救了出来。我们中有些猫是长毛的，看起来像是泡了水的毛绒玩具熊。所以注意了，不要踩到趴在地毯上的我。

德文卷毛猫

我被救起的时候，还是英格兰德文郡的一只小流浪猫。与柯尼斯卷毛猫不同，我比较健壮，耳朵长在脑袋上较低的位置。我有时候看起来比较严肃，你可能会觉得我在生你的气。但你这样想就大错特错了，我本质上就是个大型的黏人精。

我是如何被培育出来的

我的卷毛并非因为我做了什么永久性的处理，或是用了许多卷发棒，而是源于一种特殊的遗传性基因。1950年，人们在英格兰康沃尔郡的一只乡下小猫身上首次注意到这种基因。这只猫的主人管它叫“卡利班克”，并听从朋友的建议，打算用它去创造一个新品种——一只卷毛猫，多有远见啊！但猫的主人没能成功。如果不是因为七年后，一个来自加利福尼亚州的爱猫人士把这窝小猫的其中一只带回了家，这世界肯定要永远失去我们！在美国，人们开始将我们与其他猫咪进行杂交，并成功完成了原本在英国小镇无法完成的任务——培育出长毛卷毛猫。如今，我们与康沃尔郡的爷爷已经有很大不同，毕竟，我们体内有来自世界各地的猫咪的基因。

矮脚羊羔猫

我看起来像是你见过的最小的羊羔。我的出现源自一只塞尔凯克卷毛猫与一只曼基康猫*的结合，而你所想象的这种结合的成果就是我啦——一个可爱极了的短腿卷毛家伙。

* 曼基康猫：关于此种猫的介绍请见第22页。

喵星球新闻

第23卷第1511期 始于1892年 2018年11月12日星期一 售价：25根猫毛

米斯克斯：有着坚强心灵的小战士

结局圆满的故事

为你带来我们另一则结局圆满的故事！这个故事讲述了一个名叫米斯克斯的小猫，它是个勇敢坚定的冒险家。为了与命运抗争，它至少用掉了自己九条命中的三条。

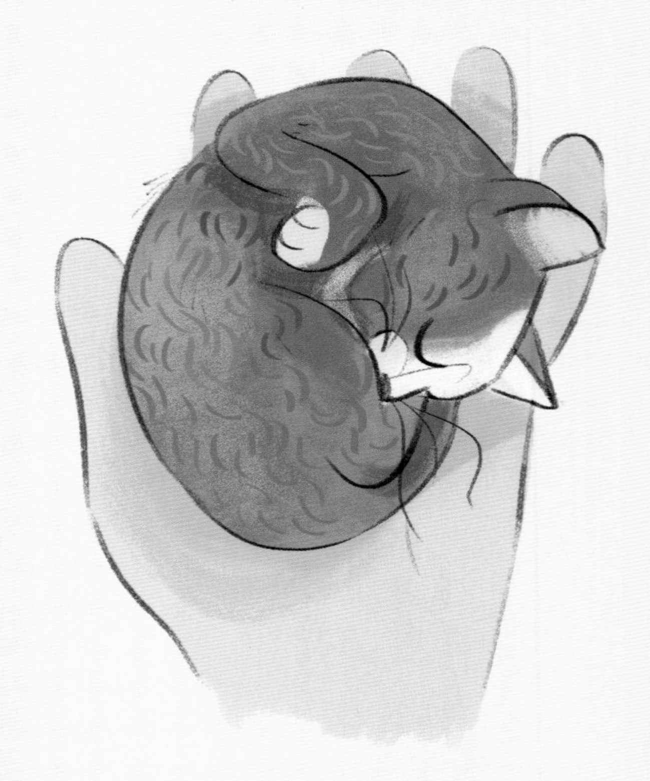

在正下着雨的美国佛罗里达州，一个垃圾桶旁的湿纸箱里发出了可怜的猫叫声。喵！喵！细微的声音恳求着，但那个正匆忙离开的陌生人只顾着不被别人看见。

第二天，在当地动物收容所做志愿者的阿曼达·克鲁琴斯基像往常一样来上班。大家纷纷向她介绍新来的一窝玳瑁色小猫。阿曼达看了看盒子，里面铺着柔软的毯子。盒子里最小的那只，像个灰色的毛球，只有半磅重。与兄弟姐妹不同，这只小猫咪长了一身卷毛，因为它是德文卷毛猫的杂交后代。阿曼达毫不犹豫地把这一家子放进篮子，打算带回家照顾，直到为它们找到更长久的居所。

“最小的那只仅有我的手掌大。它总是蜷起身来睡觉。”阿曼达向我们介绍，“我们很快就习惯了彼此。每当我关门走去别的地方，它就会在门边一直徘徊等我回来。它就是这样一个忠诚的护卫，所以我给它起名叫米斯克斯*。如果我去上床睡觉，它便会不停地挠我的毯子，直到我给它腾出位置。”

但几周后，阿曼达和米斯克斯遇到了困难。兽医带来了坏消息，米斯克斯患上了一种严重的、可能致命的疾病。幸运的是，小小的米斯克斯并没有被吓倒。事实证明，这只不起眼的小猫是个勇士。经过一周的艰苦治疗，它奇迹

般地好了起来。

当这窝被救的小猫都长大了些后，阿曼达把它们带到了新家。但是米斯克斯对此强烈抗议，于是阿曼达别无选择，只好留下它——这群家伙里最年轻的成员。“只需要一个恳求的眼神，我就把文件给签了。”她笑着说。

* 米斯克斯：是 Meeseeks 的音译，意指那些总在寻求关注的人，此处是说这只小猫十分黏人。

苏帕拉克卷毛猫

想养只猫中极品吗？你有足够的钱来买吗？嗯，我可能知道一种这样的猫。

智力：🐾🐾🐾🐾🐾
驯化指数：🐾🐾🐾🐾🐾
活跃指数：是个小唠叨（但没人介意我一直黏着他们，是不是？）
跑丢可能性：🐾
近人指数：🐾🐾🐾🐾🐾

比黄金更珍贵

外表

肌肉发达，身材匀称，头部大小适中——说实话，我可不喜欢走极端

别人说我的瞳色像石榴皮

巧克力色、泛着古铜光泽的美丽皮毛令我脱颖而出

性情

我们泰国品种，天生就喜欢人类，我也不例外。这就是为什么我最喜欢有人经常在家的时刻。不对，我在说什么啊？在家陪我是你的责任，就是这样！同时，我将用我的忠诚报答你。无论你到哪里，我都会保护你。无论你在做什么，我都愿意为你提供建议，而且是很大声地，毕竟我可是一个全能专家。喵！以猫咪的荣耀起誓，我将尽我所能地带给你传说中的好运*。毕竟，我这么聪明，肯定能想出办法！

* 泰国当地传说猫能给人带来好运。

我是如何被培育出来的

我来自泰国，是世界上最稀有的猫种之一。你知道吗？早在 300 年前，佛教僧侣就记录下了我的存在。真是难以置信！还有一个关于我的传闻，听我喵喵讲给你：很久以前，跟泰国敌对的缅甸国王听说苏帕拉克卷毛猫能给人带来财富和幸福，而他也想变得富有和快乐，于是把我们这些巧克力色的泰国猫都搬入了他的宫殿。从那时起，我们就变得非常稀有——尽管我不确定是否真的给那个吝啬鬼带去了什么财富。

怎么会有人分不清我们呢？

哈瓦那棕毛猫

我是一个友好、俏皮、好奇心强、偶尔有些冒失的美人。如果你凝视我的绿眼睛足够久，就可能会被我迷住，以至于没有我就活不下去！

巧克力色约克猫

巧克力色的长毛——完美的组合，不是吗？事实上，不吃巧克力的猫咪拥有巧克力色的被毛非常罕见，还有人觉得这很特别。糟糕的是，我这个品种现在已经灭绝了……但也许有一天会有人再次开始培育我——也许就是你？

喵星球新闻

第20卷第1495期 始于1892年 2017年7月18日星期二 售价：25根猫毛

苏帕拉克卷毛猫：古籍中失落的宝藏

回顾历史

猫当然是宝藏了！咕噜咕噜……你不怀疑这一点吧，亲爱的人类读者？如果心中仍有一丝丝的不相信，请读一读这首关于泰国的国宝——苏帕拉克卷毛猫的诗，摘自有史以来记录猫的最古老的书，名为《论猫》（泰文为*Tamra Maeo*）*，说这个有着温暖巧克力色被毛的古老品种就像黄金一样稀有。任何拥有苏帕拉克卷毛猫的人都会很快变得富有。

一位不知名的古代诗人将这首诗写在了树皮上，还画了插图，以便任何读到这首诗的人都会知道真正的宝藏猫咪长什么样子。那时，苏帕拉克卷毛猫是泰国王室的高级成员，成天就只是好奇地观察其他普通人，而这些人却不被允许饲养苏帕拉克卷毛猫。

但是，即使苏帕拉克卷毛猫如此珍贵，也并非总是过着轻松的生活。“18世纪，缅甸和暹罗的战争在当今的泰国地区爆发，”猫咪历史学家喵斯特·森教授介绍道，“大城府**的首都，还有整个皇宫和宫里的苏帕拉克卷毛猫们，都被浓厚的烟雾所笼罩。看来，这群拼命喵喵叫的泰国宝藏将要永远消失了……至于那位所向披靡的缅甸国王辛标信，他在胜利归来后忙着读诗，进而才了解到苏帕拉克卷毛猫其实非常稀少。于是他把整个军队派了回去，不惜强迫士兵们长途跋涉，也要在城市废墟中找到幸存

的一些苏帕拉克卷毛猫。”尽管如此，该品种还是在后来许多年里都销声匿迹……

* 《论猫》（*The Treatise on Cats*）：又称《猫之诗》，是一份写于暹罗大城时代的手稿，可以追溯到公元14世纪。

** 大城府：位于泰国中南部，在18世纪前的几百年间一直是泰国的首都。

泰国御猫

虽然我离开暹罗王室很久了，但是这改变不了我看起来像一位女王的事实。我的价值相当于与我同重的黄金（所以我的主人说我是他所拥有的最宝贵的东西）。

智力：🐾🐾🐾🐾🐾

驯化指数：🐾🐾（别担心，我很会自娱自乐）

活跃指数：是个淘气鬼（我像小孩一样闹腾）

跑丢可能性：🐾🐾🐾

近人指数：🐾🐾🐾🐾🐾

拥有钻石般眼眸的女王

外表

我的眼睛可以是蓝色或金色的，也可以是一只蓝色，一只金色的。这就是我的独特之处（也是我的培育者最喜欢的一点）

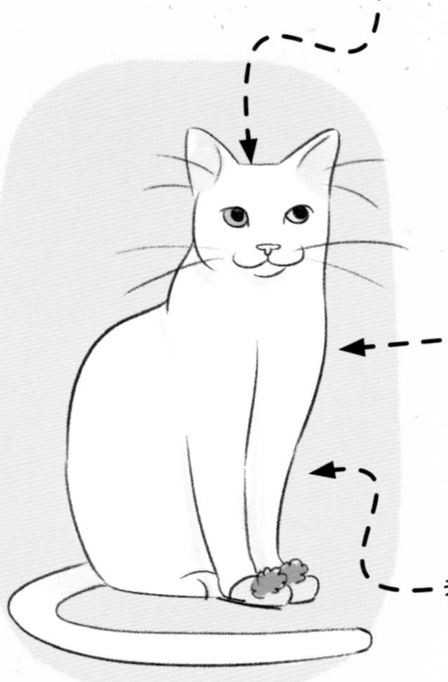

我这一身雪白的被毛就是我最主要的装饰，它由底层贴身的柔软绒毛和外层的短毛构成

我是健壮的中等身材

我真能带来幸运吗

有时候我觉得人类就爱无中生有地搞一些所谓的“迹象”或是“预兆”。呃！我不确定我是否真能像你所说的那样给你带来运气、财富、繁荣和长寿，但我肯定能使你的生活更加快乐。

性情

我很难在自己身上找到任何缺点。这大概因为我本就不是一只华而不实的猫：我对家人忠诚，会热情地迎接来访者。“嗨，你有什么好吃的给我吗？会一直陪我玩这个猫薄荷玩具吗？”嗷呜！与大多数猫不同，你不需要担心我独处时会受苦，我很会自娱自乐。毕竟，你在身边的时候，我也能找到玩的办法。我是个大胆的淘气鬼，你说对不对？哦，得了吧！难道你愿意和一只懒惰的波斯猫一起生活？

怎么会有人分不清我们呢？

博米拉猫

我生性友好，也很敏感。这使得我成为一名完美的心理学家，所以人类经常雇用我从事猫咪疗法，有点像“由猫来进行的治疗”——我给予你爱与关怀，让你更快痊愈。

塞舌尔猫

我本质上是一只有白色斑点的暹罗猫，所以我可爱、健谈、聪明，同时也很狡猾、嫉妒心强。亲爱的人类，除非你不再摸邻居家的虎斑猫，否则我就碰倒你那心爱的珍贵花瓶……当然，我只是不小心打掉的！

我是如何被培育出来的

我是一个极其古老而高贵的品种。早在 17 世纪的暹罗（也就是当今的泰国），就有诗人歌颂我——喵，我也喜欢加入他们！最初，我仅被允许在皇宫内饲养。如今，世界各地的普通人都购买我作为宠物，而不只是在我的故乡——但是其他地方的人必须绞尽脑汁才能找到如何购买的信息。虽然我确实非常罕见，但我也不一定非得用黄金或象牙做成的食碗。我兄弟姐妹的旅行次数有时会把我震惊到。至今，我们甚至已经去到了欧洲和北美洲，那里的繁殖站可能小了一些，但却更有爱。

喵星球新闻

第10卷第1433期 始于1892年 2012年5月23日星期三 售价：25根猫毛

福丸：一只有着异色瞳的猫

现在是清晨，太阳刚刚升起，连来自日本东京郊区的87岁老奶奶美纱绪也都没在睡觉了。相反，她在房间里忙前忙后，拿着锄头，抓着一把种子，出去查看菜地和花圃的情况。在人们开始涌上街头之前，美纱绪骑上她的自行车就是一阵猛蹬，她要逃离大都市的喧嚣。她后面的车筐里装的是什么？当然是她忠诚的朋友——公猫福丸。

一只眼睛是黄色，另一只是蓝色——这就是美纱绪在她的谷仓里发现小猫时看到的样子。她给它取名为福丸，意为“财富之球”，这样财富就不会离开她。

福丸的名号可谓名副其实——自从被美纱绪收留，它就没离开过她身边。他们什么都一

起做。

有时候，它们在花圃里除草（奶奶用锄头，小猫用爪子），或者播种；有时候，他们需要给花圃浇点水，福丸虽然不喜欢，但也能忍受。当阳光晒到背上时，他们就知道午餐时间到了。但为了强调，福丸会向美纱绪投去一个意味深长的眼神：你还不来吗？食物要凉了！美纱绪微笑着，完全听懂了。他们的听力都很差，为避免误解，就更喜欢用眼神对话。美纱绪抚摸着福丸，坐下来吃饭。这是多么美好的一天啊！

猫界名人

白胡子潮猫：汉密尔顿

八字眉小囧猫：萨姆

不爽猫：塔达

地包天：怪兽卡车公主*

*《怪兽卡车》：是2016年上映的一部动画电影，片中的卡车造型看起来像地包天的怪兽，所以主人给猫咪起这个名字。

双面猫：维纳斯

如何照顾你的猫

- 定期给你的猫喂食（最好是每天2次或3次）并放置水源。别忘了，猫是肉食动物，也就是说，它们离不开肉。记得喂干净的水，不要喂不易消化的牛奶或奶油。时刻准备好美味的小零食，以便你能随时奖励它！
- 打扫猫砂盆。
- 定期给它梳毛，特别当它的毛又厚又长时。

- 每年带它去宠物医院做体检，让它接受全面检查并接种疫苗。
- 每天给它刷牙，用软毛牙刷和宠物专用的牙膏。
- 为它准备一个柔软舒适、可以独享的小窝。
- 每天陪它玩耍，给予它足够的关心。

你想做件好事吗？假如你和父母在考虑养一只猫的话，那么去当地的动物收容所瞧瞧吧。那里有各种各样的猫：大的、小的、公的、母的，它们在等着有人能给它们一个真正的家，一定会有一只能够吸引住你。

猫界纪录保持者

胡须最长的猫：米西（19厘米）

咕噜声最响的猫：梅林（67分贝）

年纪最大的猫：奶油泡芙（38岁，相当于168岁的人类）

最胖的猫（也是最能吃的）：希米（21千克）

会最多技能的猫：迪杰（会24种）

毛最长的猫：喵上校

自己也来画画看

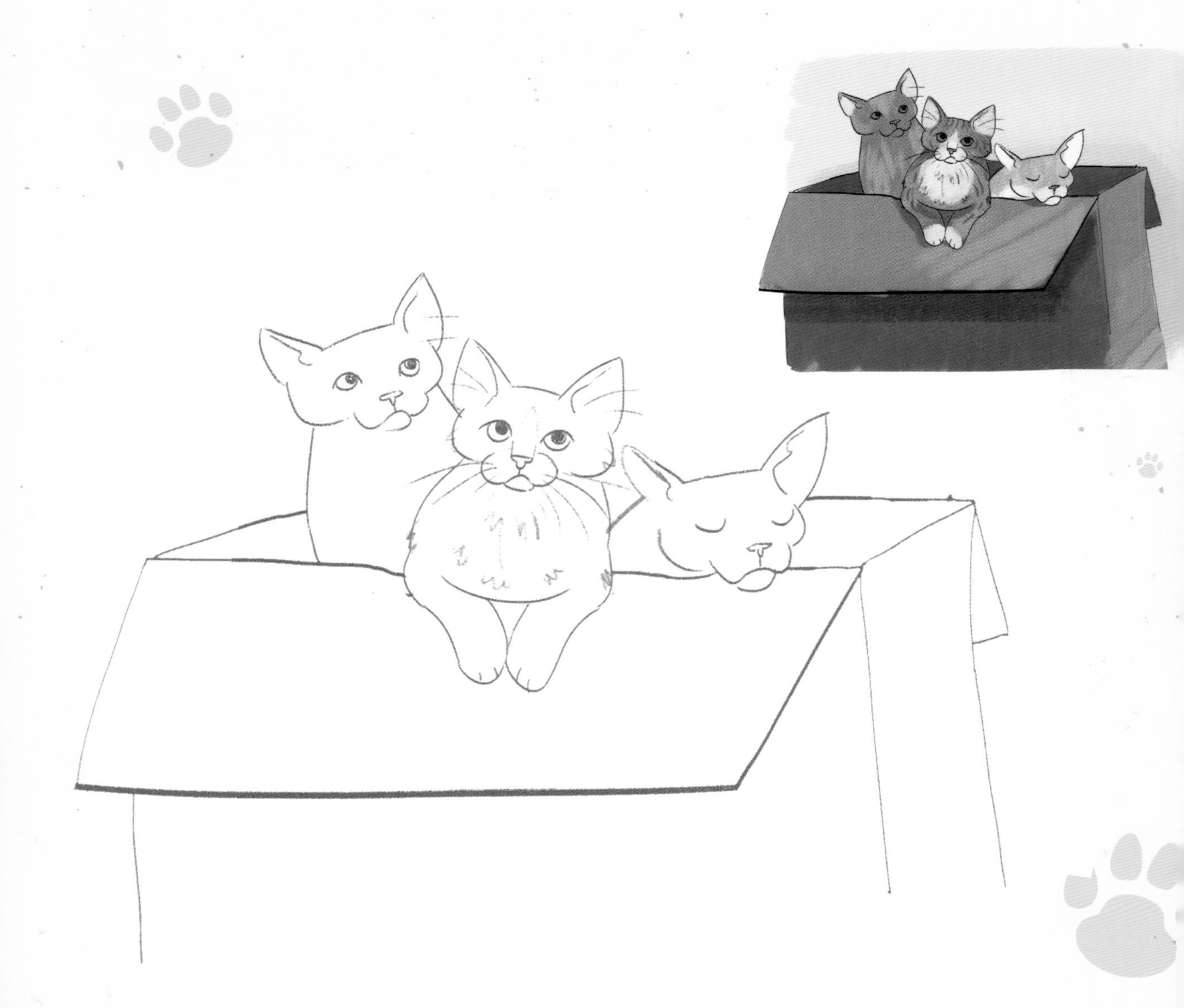

自己也来画画看

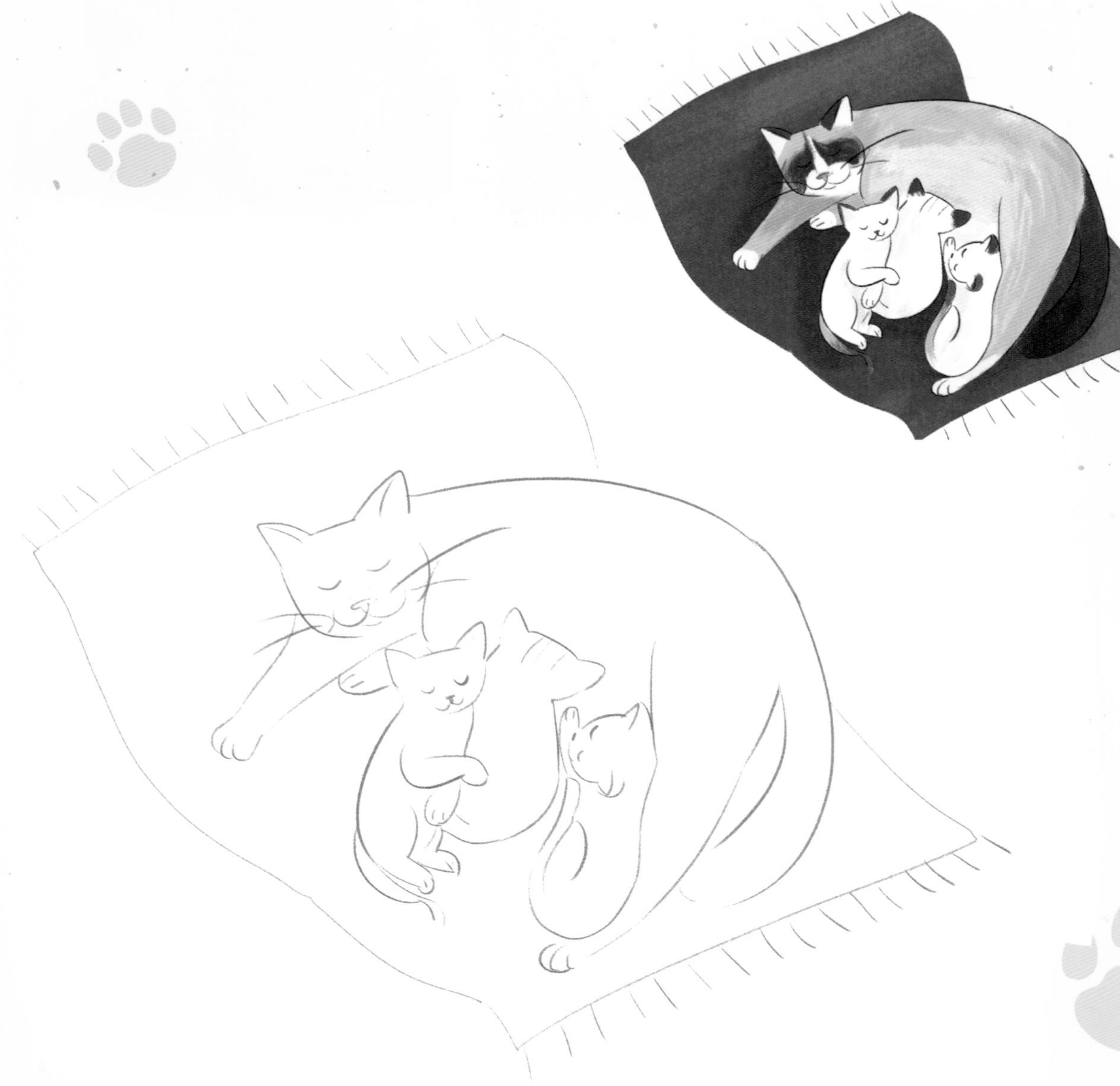

自己也来画画看